古建筑彩画技艺

魏 琼 刘雨卿 主编

清華大學出版社
北 京

内 容 简 介

本书对中国古建筑彩画做了较为细致的介绍，侧重于彩画技艺的剖析，针对教学需要添加了大量实训环节。本书内容涵盖了古建筑彩画基础认识、古建筑彩色局部设色工艺、基层处理、谱子制作、沥粉、颜料配制、和玺彩画、旋子彩画和苏式彩画。在各个实训中，同步学习相关理论知识。本书的目标是培养既懂知识又能操作的彩画传统技艺人才。

本书适用于高校古建筑专业的教学与实训，也可作为古建筑彩画行业培训的参考资料。

本书封面贴有清华大学出版社防伪标签，无标签者不得销售。
版权所有，侵权必究。举报：010-62782989，beiqinquan@tup.tsinghua.edu.cn。

图书在版编目（CIP）数据

古建筑彩画技艺 / 魏琼，刘雨卿主编 . -- 北京：清华大学出版社 , 2025. 1. -- ISBN 978-7-302-67917-2

Ⅰ. TU-851

中国国家版本馆 CIP 数据核字第 2025706FR1 号

责任编辑：杜　晓
封面设计：曹　来
责任校对：刘　静
责任印制：沈　露

出版发行：清华大学出版社
网　　址：https://www.tup.com.cn，https://www.wqxuetang.com
地　　址：北京清华大学学研大厦 A 座　　**邮　　编：**100084
社 总 机：010-83470000　　**邮　　购：**010-62786544
投稿与读者服务：010-62776969, c-service@tup.tsinghua.edu.cn
质量反馈：010-62772015, zhiliang@tup.tsinghua.edu.cn
课件下载：https://www.tup.com.cn, 010-83470410
印 装 者：大厂回族自治县彩虹印刷有限公司
经　　销：全国新华书店
开　　本：185mm×260mm　　**印　张：**13　　**字　　数：**266 千字
版　　次：2025 年 1 月第 1 版　　**印　　次：**2025 年 1 月第 1 次印刷
定　　价：49.00 元

产品编号：107635-01

前言

中国古建筑存续千年，见证了中华民族悠久文明，是宝贵的物质文化遗产，具有独特的文化价值。彩画作，就是古建筑的彩绘，俗称丹青，是古建筑营造八大作中的重要一项，是古代智慧的劳动人民在古建筑上绘制的装饰画，具有美观和保护木构件的作用。古建筑上的彩画是物质文化遗产，具有较强的艺术性；而彩画作技艺是非物质文化遗产，应用领域包括古建筑修缮、仿古建筑建设项目。目前，建筑彩绘（白族民居彩绘、陕北匠艺丹青、炕围画）于2008年6月被列入第二批国家级非物质文化遗产名录，建筑彩绘（北京建筑彩绘）、建筑彩绘（中卫建筑彩绘）于2021年5月分别被列入第五批国家级非物质文化遗产名录，由此说明彩画技艺的珍贵性。传统上，彩画作技艺的传承是口口相传的师徒传承，目前已经在向现代化的院校传承和现代学徒制转变，人们能够更为规范化、系统化地学习彩画技艺。编写本书的目的是保护与传承古建筑彩画作，让这一优秀传统技艺得以延续与发展。

本书以介绍工艺做法为主，也涉及彩画的各项理论知识。全书共分为9个项目。本书在编写初期，研究了大量的相关书籍与论文，如边精一、纪立芳、杜爽、何俊寿、蒋广全等人的论著，对古建筑彩画作的起源、发展、特点、价值、等级与分类、彩画部位与色彩规则进行了梳理，形成了项目1。接着对各种纹样的上色工艺进行了整理，按照有无退晕、有无贴金等将其分为多种局部设色工艺做法，形成了本书的项目2。古建筑彩画有多种分类，但是在基层处理、谱子制作、沥粉、颜料配制环节是高度相似的，所以将这些工艺分别作为项目3、项目4、项目5和项目6。和玺彩画、旋子彩画、苏式彩画是最重要的3种类型，项目7、项目8和项目9分别对这3种彩画进行详细的介绍，并进行全过程的绘制实训。通过对9个项目系统地学习，并配合本书编写人员参与建设的古建筑虚拟仿真实验平台和古建筑资源库，读者能够熟悉彩画作技艺的工艺流程，并能够进行彩画的绘制。

本书由江苏城乡建设职业学院魏琼和刘雨卿担任主编，江苏城乡建设职业学院肖炳科、杨旭和史波担任副主编。具体编写分工为：项目1、项目4、项目6和项目9主要由刘雨卿、肖炳科编写，项目2、项目3、项目5、项目7和项目8主要由魏琼、杨旭、史波编写，江苏城乡建设职业学院古建筑工程技术专业22级学生陈欣悦、朱梓欣负责部分图表的绘制，蔡中超主要拍摄书中二维码里的大部分工艺示范视频，江苏城乡建设职业学院古建筑工程技术专业22级学生熊家乐、曹飞负责视频剪辑等工作。

最后向参与本书编写的所有人员深表感谢，也感谢支持本书编写的江苏城乡建设职业学院园林工程技术专业群的各位领导与同事。由于编者水平有限，本书不足之处在所难免，敬请广大读者批评指正。

编　者

2024年1月

目录

项目 1　中国古建筑彩画基础认知

古建筑彩画是在建筑的某些部位绘制粉彩图案和图画。在宋《营造法式》中，彩画作的内容包含了对柱、门、窗及其他木构件的油饰。在清工部《工程做法》中把彩画归入“彩画作”，把地仗和油饰归入“油漆作”。

彩画是我国特有的一种建筑装饰艺术，也是古建筑的重要组成部分。古建筑彩画种类众多、题材丰富，山水、楼阁、花卉、人物、历史典故、传奇故事都是彩画的常见题材。最初在木构建筑上涂刷油漆是为了减少日晒雨淋对木材的损害，随着装饰性需求的增强，在战国时期，建筑彩画就已经发展成为一项专门的建筑装饰艺术。后又经过唐、宋、明各朝的发展，到清代达到了顶峰。在功能上，彩画在防潮、防腐、防蛀的保护功能的基础上，又增加了装饰美化、彰显建筑等级的多重作用。

任务 1.1　古建筑彩画的起源与发展

学习目标

知识目标

1. 了解古建筑彩画的基本功能；
2. 了解古建筑彩画的形成与演变过程；
3. 熟悉古建筑彩画各个历史时期的基本特征。

能力目标

1. 能对古建筑彩画的形成与演变过程进行概述；
2. 能够识别关键时期和相应的特点。

素养目标

1. 以美育人，欣赏古建筑彩画之美；
2. 提升对中华优秀传统文化的认同感与自豪感，树立文化自信。

学习内容与工作任务描述

学习内容

1. 中国古建筑彩画的起源与形成；
2. 中国古建筑彩画的历史发展过程。

工作任务描述

1. 完成工作引导问题；
2. 总结彩画的历史发展过程，并查找实例，概括各历史时期彩画的色彩、纹样、工艺等特征。

任务分组

班　级		专　业		
组　别		指导老师		
小组成员	组　长	组员 1	组员 2	组员 3
姓　名				
学　号				
任务分工				

工作引导问题

（1）在（　　）彩画逐步形成既有理论做法、又有设色图样的彩画作工艺技术，成为建筑设计与施工的重要工种。

（2）中国唐代彩画的发展特点是（　　　　　　　　　　）。

（3）明代是（　　）彩画走向规矩化的时代，同时也是旋花造型逐渐成熟、图案设计渐趋规范的时代。

（4）查阅有关古建筑彩画的相关知识，概述堆泥贴金的技法。

（5）查阅有关古建筑彩画的相关知识，简述宋代彩画的成就。

任务 1.1 答案

工作任务

任务 1：个人任务

工作内容：总结古建筑彩画的 3 个基本功能，并加以具体说明。

成果：总结报告，图文并茂。

任务 2：小组任务

工作内容：

（1）简要陈述中国古建筑彩画的形成和发展历程。

（2）搜集资料和彩画实例，概括各个历史时期彩画的主要成就和特征。

成果要求：以小组为单位提交学习报告，图文并茂，可配短视频。

成果展示：每组派 1 名同学进行汇报，以抽查的形式，选择 3～5 组进行汇报。

成果评价：

评价项目	评价标准	参考分值	得分
案例搜集	案例准确、图文并茂	20	
中国古建筑彩画的形成和发展历程	完整精练、逻辑清晰	30	
各个历史时期彩画的主要成就和特征总结	全面准确、逻辑清晰	30	
汇报文件版式与配色	美观、配色协调、排版整洁、有条理	10	
团队精神	分工合理、配合密切	10	
总　分		100	

任务知识点

1.1.1　古建筑彩画的起源与形成

1. 古建筑彩画的起源

最早于建筑物中出现的是壁画，即在墙壁上绘制图案，以反映人们对生活的向往。原始人类从洞穴和树居中解脱出来以后，开始在自己营建的土穴穴壁上绘制图案，进行美化。例如，新石器时代的女神庙遗址中，其墙壁灰皮残块上就涂有赭、黄、白三色的三角纹图案；在河南安阳殷墟遗址的墙壁灰皮上也有白、朱、黑三色的云纹图案。

2. 古建筑彩画的形成

当建筑木结构逐渐成熟以后，人们对建筑室内外呈现出的大量木构件产生了美化的需求。原始彩画的出现，即以彩色的图案和纹样装饰木构件，目前推测大概始于春秋战国时期。历经秦、汉、魏、晋、南北朝、隋唐，直至宋代，逐步形成既有理论做法，又有设色图样的彩画作工艺技术，成为建筑设计与施工的重要工种。在清工部《工程做法》中把彩画归入“彩画作”，把地仗和油饰归入“油漆作”。当代，我国重视传统工艺技术，对“彩画作”这一传统营造技艺给予了高度重视和评价，使其得以继承和发扬。

1.1.2 古建筑彩画的历史发展过程

1. 早期建筑彩画

早期建筑彩画是指唐代以前的历代彩画。

在木构件上以丝麻织品进行包裹是最初的建筑装饰手法，之后逐步采用彩绘手段。虽然此时期已在木构上涂饰颜色及花纹，但尚未形成固定的规制，壁画的表现力比建筑彩画更为强烈，更受重视。此时期可以说是建筑彩画的萌芽时期。

东周春秋时期，古代建筑上已出现彩绘手法装饰建筑的现象。汉代已经把色彩装饰手法大量运用在建筑构件上，且花纹题材大量增加。魏晋南北朝时期，建筑墙壁广泛涂白，佛寺中墙壁常见涂红，同时随着佛教的传入及推广，在各类装饰领域引进了不少域外的纹样与图案，如莲花、忍冬纹、火焰、飞天、卷草纹等，丰富了装饰题材，但就建筑彩画技艺而言，基本上仍继承了汉代建筑装饰手法。

2. 唐代建筑彩画

唐代彩画的画题内容进一步丰富，团窠图案增多，多为六瓣如意纹团窠宝相花，并以一整二破式的构图模式，在各种边饰中大量运用。此外，锦纹及单枝或缠枝的花草纹、连珠纹、菱形纹、束莲及莲瓣、云纹、十字纹、如意纹、卷草纹等也大量出现。用色上也出现了间色之法，即两种颜色有规律地间隔使用。唐代还发展了堆泥贴金的技法，用一个小泥饼贴在构件上，一般用于天花支条的交接点或团花的中心。绚丽多姿的唐代建筑彩画为宋代彩画的发展奠定了坚实的基础。

3. 宋元建筑彩画

宋代彩画是中国古代建筑彩画发展重要阶段，具有很高的艺术成就。这一时期的成就不仅有一定数量的现存实物可资验证，同时还有一部建筑技术的科学文献《营造法式》，供人们学习研究。首先，宋代彩画在群体规划、建筑造型、木构技术、内檐装修及装饰诸方面，皆有长足的进步。建筑彩画的部位重点扩展到古建筑构件的大部分数量的梁额枋木上，彻底地代替了以织物包裹装饰建筑构件的做法。其次，发展出有特色的绘制模式，宋代称为“制度”，如五彩遍装、碾玉装、青绿叠晕棱间装、解绿装、丹粉刷饰等。宋代彩画图案母题大为增多，植物题材中程式画法与写生画法并存。最后，以彩画图案的繁简程度划分了彩画等级，为计算工料提供了初步的验算标准。

元代统治时间不足百年，遗留下的彩画实例较少，虽然这些材料很难概括元代建筑彩画的全部情况，但仍能清晰地反映出元代建筑彩画在形制上的发展。纹样方面，在前朝团花的基础上逐步演化出整团的旋花，标志着旋子彩画的产生。

4. 明清建筑彩画

明代彩画虽实例不多，但纹样保持完整，如北京东城区智化寺、石景山区法海寺的明代彩画都保存完好，这些彩画以另一种格调出现，与宋代彩画中常出现的热烈繁密的花纹相比，显得素雅宁静，色彩以青绿为主，花纹整齐大方。明代是旋子彩画走向规矩化的时代，同时也是旋花造型逐渐成熟、图案设计渐趋规范的时代。

清代在明代建筑彩画的基础上又做了进一步的改革、发展，使建筑彩画更加丰富多彩。由于新的品种不断涌现，题材不断扩大，表现手段不断丰富，彩画规矩更加严密规范，等级层次更加严明清晰。从构图、彩画内容、施色特征及装饰方式上都极为成熟，在建筑装饰方面充分体现了中国传统彩画的成就以及中国传统文化特点。清式彩画是中国建筑彩画的重要代表。

任务1.2 古建筑彩画的特点与价值

学习目标

知识目标

1. 了解古建筑彩画的历史价值、环境艺术价值与形式美学价值；
2. 了解古建筑彩画的基本特点，理解其内容丰富多样的因素。

能力目标

1. 能够解析和评估古建筑彩画的特点与价值；
2. 能从特点与价值的角度评价与欣赏彩画实例。

素养目标

1. 树立文化自信，培养创新精神；
2. 提升中华优秀传统文化的认同感。

学习内容与工作任务描述

学习内容

中国古建筑彩画的特点与价值。

工作任务描述

1. 完成工作引导问题；

2. 从研究价值的角度评价与分析彩画实例。

任务分组

班　级		专　业		
组　别		指导老师		
小组成员	组　长	组员 1	组员 2	组员 3
姓　名				
学　号				
任务分工				

工作引导问题

（1）彩画的形式美学价值体现在它遵循（　　）的构图原则，并且图案的选择和组合极具变化性，富含深厚的（　　）。

（2）彩画作为历史文化的载体，其历史价值主要体现在能够反映各个历史时间段的（　　）和（　　）。

（3）在古建筑彩画中，其图案的多样性主要体现在（　　　　　　　　　　　　）。

（4）古建筑彩画中所使用的原色，如（　　）等，可以形成明暗反差大、艳丽夺目的装饰效果，体现古代画师对色彩表现的大胆与能力。

任务 1.2 答案

工作任务

任务：小组任务

工作内容：搜集资料，选择一例古建筑彩画实例，从历史价值、环境艺术价值和形式美学价值的角度对其进行价值评估。

成果要求：以小组为单位提交学习报告，图文并茂，可配短视频。

成果展示：每组派1名同学进行汇报，以抽查的形式，选择3～5组进行汇报。

成果评价：

评价项目	评价标准	参考分值	得分
案例搜集	案例准确、图文并茂	20	
古建筑彩画的特点总结	完整精练、逻辑清晰	30	
古建筑彩画的价值评估	全面准确、逻辑清晰	30	
汇报文件版式与配色	美观、配色协调、排版整洁、有条理	10	
团队精神	分工合理、配合密切	10	
总　分		100	

任务知识点

1.2.1　古建筑彩画的特点

1. 古建筑彩画色彩鲜艳

古人将很多简单的“原色”，如大青（蓝）、大红、大绿、黑、白等都不加调兑而直接用在构件上，形成明暗反差大、艳丽夺目的装饰效果，充分体现古代画师对色彩表现的运用能力。运用这种色彩的原因有：第一，彩画作为室外装饰要与周围环境协调，建筑物的瓦面、油漆、台基、墙体等部位已形成红、黄、白、黑等极为强烈鲜明的色彩，因此彩画的色彩必然要以重而艳丽来与之调和；第二，彩画多为高部件的装饰，人们以较远的视点观赏，这就要求色彩之间有鲜明的对照、强烈的反差，才能体现出彩画的装饰效果。然而过分强烈的色彩对照，会形成生硬的艺术效果。所以，后来在彩画中增加退晕的层次和加上金色点缀的做法解决了这一问题。

2. 古建筑彩画图案多样

中国建筑彩画图案是多样的，而且不同部位有不同的图案，如椽头有椽头的图案、天花有天花的图案，每个部位的图案都可达十多种甚至数十种。仅清式椽头彩画图样就多达二三十种，如万字、栀花、金井玉栏杆、福字、寿字、十字别、福庆、福寿、百花等都是人们常见的图案。而最有代表性的图案是装饰在大木之上的不同格式、风格的图案，这些图案有总体的特点，有分类的特征，又有局部的差异。这里不乏人们非常熟悉的图样，如和玺彩画、旋子彩画、苏式彩画的总体格式等，这些总体格式配以不同式样的局部图案，更形成了千变万化的彩画装饰手段，大大丰富了梁枋图案的内容与效果。

3. 古建筑彩画内容丰富

现在常见的画题内容有上百种之多，如在图案方面有回纹、万字、宝珠、虎（龙）眼、栀花、水纹、云纹、锦纹、飞禽、飞仙、瑞兽、龙、凤、火焰、佛梵字、博古、莲花、各种卷草花纹等。住宅园林中的彩画就更丰富多彩。因为它有很多绘画的题材，使建筑彩画的内容在一定程度上无所不容，只要是人们喜闻乐见的画题都可以运用。很多画题都加喻义化，如将牡丹与玉兰画在一起可称“玉堂富贵”；与白头鸟画在一起称“白头富贵”；将瓷瓶中安插一支小戟，再挂一个玉磬称“平安吉庆”等。这种喻义化可以反映一定时期人们的思想观念，现在人们又在不断创造一些具有新意的喻义。

4. 古建筑彩画规制严密

宋《营造法式》的几种做法就是规制的一种体现，提到某种做法，行业人员即可绘出带有某种特征的装饰。清式彩画的规制则更具体、鲜明，它把彩画分成类、等级，各类各等级的彩画都有相应的格式、内容、工艺要求与装饰对象，彩画的规制表达了等级高低、使用功能的标准。彩画的规制在实际施工绘制上有十分重要的意义，在大规模施工中使同行业人员能配合默契地操作，从而加快施工的速度，从施工的备料、价格估算上都有积极的意义。

5. 古建筑彩画工艺独特

彩画的工艺是区别于其他任何一种装饰艺术（包括绘画艺术）的标志，从原始材料的加工，使用的工具，以致绘制程序的编制都自成体系，目前仅常用的工艺就多达十几种，如沥粉、刷色、片金、包胶、拉晕、退晕、纠粉、拆垛等都是有代表性的极具特色的工艺，这些工艺在特殊的施工环境中，在表达特殊的装饰格式上起着特殊的作用，使很多难以表现的效果得以实现。

1.2.2 古建筑彩画的价值

古建筑彩画的应用极大地改变了建筑内外檐的艺术面貌，对它的价值可以从多方面评价与欣赏。

1. 历史价值

自从唐代有了具体的彩画图样以来，古建筑彩画历经宋、元、明、清朝，各朝代演变出不同的图样，表现出不同社会时代的美学欣赏趋向，凝聚着当时社会的文化精神，它们既是历史的镜像，又是历史的注释。各种彩画的时代风格的形成皆有其文化背景，通过这些彩画实例，人们可以增加对历史文化及变化规律的认识，更好地理解和把握历史的变迁，这就是它的历史价值。深入研究和理解彩画，对于增强历史文化素养和提升审美品位具有重要意义。

2. 环境艺术价值

彩画虽然是绘制在建筑构件上的一种艺术形式，但它并不仅仅局限于单一的构件表面。当对天花板、藻井、梁柱、斗拱等所有彩画构件进行统一考察时，可以发现，这些被画上色彩的构件会组合成一个完整的空间环境，产生出强烈的空间的色彩感觉。这就是彩画所具有的环境艺术价值。

彩画的环境艺术价值还体现在其对空间秩序的塑造上。在中国传统建筑中，规整是非常重要的原则。通过细致地设计和布局，彩画构件可以帮助实现空间的有序化，产生出清晰、整洁的视觉效果。同时，彩画还可以通过色彩的变化，增加空间的层次感，使比较单一的空间变得立体丰富。

彩画是一种具有极高环境艺术价值的艺术形式。它不仅可以提升建筑的审美价值，还可以创造出丰富多样的艺术环境，通过对空间的塑造和色彩的运用，发挥出强大的感染力，给人带来深刻的艺术体验。

3. 形式美学价值

每一个建筑构件上的彩画，无论是天花、藻井、梁枋还是斗拱，都蕴含着丰富的形式美学价值。它们所展现的不只是色彩和线条的艺术，更重要的是，它们通过各种精心设计的构图与纹样组合，呈现出了一幅幅绚丽多彩的画卷。

这些图案并非随意排列，而是按照一定的规律组合在一起。每一幅彩画都符合协调、匀称、统一的构图原则。无论是单一图案的内部结构，还是多种图案之间的关系，都体现了中国传统美学中的平衡与和谐理念。同时，图案的选择和组合也充满了变化，使得彩画作品具有丰富多彩、千变万化的视觉效果。

此外，彩画中的图案还具有深远的文化内涵。比如，某些特定的动物或植物图案，可能代表了某种吉祥的寓意或某种道德的象征，增加了彩画的文化表达力。

总的来说，每一个构件上的彩画都是一种形式美学的实践。它们既遵循构图的原则，又展示了图案的多样性，同时还融入了深厚的文化内涵。这就是彩画的形式美学价值，也是人们欣赏和研究彩画的重要依据。

任务 1.3　古建筑彩画的等级与分类

学习目标

知识目标

1. 了解中国明代官式彩画和江南建筑彩画的分类；
2. 熟悉中国清代官式彩画的分类和典型特征。

能力目标

1. 能够根据描述或示例，正确识别和区分不同类型的彩画；

2. 能总结不同分类彩画的典型特征。

素养目标

1. 欣赏古建筑之美；

2. 文化遗产的保护，树立文化自信。

学习内容与工作任务描述

学习内容

1. 中国明代官式彩画和江南建筑彩画的分类；

2. 中国清代官式彩画的分类。

工作任务描述

1. 完成工作引导问题；

2. 查找实例，明确建筑不同部位彩画的典型特征。

任务分组

班　　级		专　　业		
组　　别		指导老师		
小组成员	组　　长	组员 1	组员 2	组员 3
姓　　名				
学　　号				
任务分工				

工作引导问题

（1）中国明代官式彩画就人们目前所见到的实物例证来分析有两类，分别是（　　）和（　　）。

（2）清代官式彩画从纹饰的主体框架构图和题材方面分类，大致分为（　　）、（　　）、（　　）、（　　）和（　　）。

（3）江南彩画中的民间彩画，在分类上根据构图有无方心分为两大部分，分别为（　　）彩画和（　　）彩画。

任务 1.3 答案

工作任务

任务：小组任务

工作内容：

（1）古建筑彩画案例搜集。

（2）简要陈述中国古建筑彩画的等级与分类。

成果要求：以小组为单位提交学习报告，图文并茂，可配短视频。

成果展示：每组派 1 名同学进行汇报，以抽查的形式，选择 3~5 组进行汇报。

成果评价：

评价项目	评价标准	参考分值	得分
案例搜集	案例准确、图文并茂	20	
古建筑彩画的等级与分类	完整精练、逻辑清晰	50	
汇报文件版式与配色	美观、配色协调、排版整洁、有条理	20	
团队精神	分工合理、配合密切	10	
总　分		100	

任务知识点

1.3.1　明代官式彩画等级与分类

由于遗存的明代彩画较少，较难完整地进行系统分类，就目前所见到的实物例证来分析仅有两类：一类是旋子彩画；另一类是绘于皇家园囿建筑之上、近似于清代中期官式苏画的龙纹方心彩画和锦纹找头彩画。

1.3.2　清代官式彩画等级与分类

清代建筑彩画可以说是我国建筑彩画发展的繁盛阶段，现存的以及仿古建筑上描绘的绝大部分为清代或清代官式风格的彩画。清代官式彩画继承和发展了历代彩画的优良传统，从构图、彩画内容、施色特征及装饰方式上都极为成熟，在建筑装饰方面充分体现了中国传统彩画的成就以及中国传统文化的特点。清代官式彩画为中国建筑彩画的代表，在一定意义上也可以理解为中国建筑彩画。

清代官式彩画从纹饰的主体框架构图和题材方面分类，大致分为和玺彩画、旋子彩画、苏式彩画、宝珠吉祥草彩画和海墁彩画。

1. 和玺彩画

和玺彩画是清代官式建筑主要的彩画类型，清工部《工程做法》中称为“合细彩画”，仅用于皇家宫殿、坛庙的主殿及堂、门等重要建筑上，是彩画中等级最高的形式。和玺彩画是在明代晚期官式旋子彩画日趋完善的基础上，为适应皇权需要而产生的新的彩画类型。画面中象征皇权的龙凤纹样占据主导地位，构图严谨，图案复杂，大面积使用沥粉贴金，花纹绚丽。

2. 旋子彩画

清代的旋子彩画是在明代旋子彩画的基础之上演变而成的。这类彩画品种繁多，使用广泛，是清代官式彩画中的一个主要类别。在等级上仅次于和玺彩画，广泛见于宫廷、公卿府邸。因找头绘有旋花图案而得名。旋子彩画主要绘制于建筑的梁和枋上，色调主要是青绿色。

3. 苏式彩画

苏式彩画是装饰园林建筑的一种彩画，它起源于江南水乡苏州一带，传至北方进入宫廷成为官式彩画中的一个重要种类。目前，遗存的早期官式苏画，大部分是乾隆时期的遗物，很难再看出苏州彩画的痕迹。清代官式苏画大体上可分为两个阶段，即早中期官式苏画和晚期官式苏画。

早中期官式苏画从其构图上分析，大约可分为 3 种，即包袱式、方心式、海墁式。

晚期苏式彩画与早中期苏式彩画相比较，在类别方面没有大的变化，依然是包袱式、方心式和海墁式，但在细部纹饰方面有明显的变化。此时的包袱式苏画最主要的变化是包袱、方心、池子内的纹饰从以图案为主，变成以写生画为主。连同聚锦内的写生画，构成了晚期苏式彩画的主要绘画特征。

4. 宝珠吉祥草彩画

清代早期还存在一种构图别致、色彩炽烈的官式彩画——宝珠吉祥草彩画。其构图特征是在梁枋两端设箍头，在梁枋的中部绘一个以 3 个宝珠为核心、周围衬卷草纹的大型花团，从构件的底面向两侧铺展，犹如一个硕大的“反搭包袱”。总体来看，图案不纷杂，以弧线为主，自由灵动，色彩热烈。在色彩方面，宝珠吉祥草彩画以红色作底，显得热烈奔放。宝珠吉祥草彩画含有浓重的满、蒙民族的艺术特点。

这类彩画在清代早期是一个独立品种，多用于皇宫的城门和皇帝陵寝建筑，中期以后渐渐地与其他彩画相互融合，以新的形式出现，不再单独存在。

5. 海墁彩画

这里所说的海墁彩画是指整座建筑（包括连檐、椽望、上架大木和下架大木装修在内）

遍绘一种纹饰的彩画，不同于苏式彩画中的海墁式苏画。

海墁彩画立意新颖，但未被广泛使用，除了斑竹纹一种偶有用之，其余纹样更为罕见。

1.3.3　江南建筑彩画的分类

江南彩画作为南方彩画的重要组成部分，是在不违背等级制度的前提下形成的不拘泥于固定形式的彩画类型，体现了群众艺术与文人审美的完美结合。

江南地区的彩画主要集中在大木构架上，小木作部分只有天花部分作彩画，故按部位江南彩画分为大木构架彩画与天花藻井彩画两部分（图 1.1）。

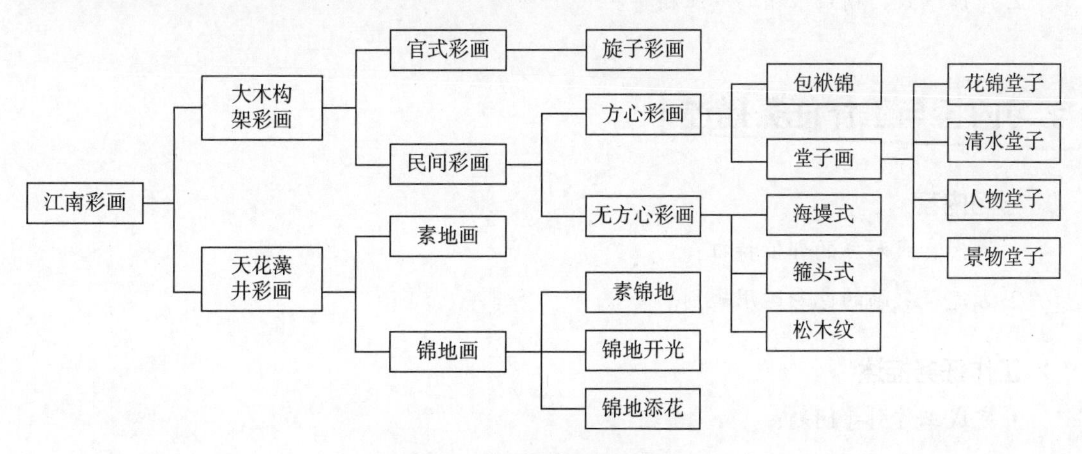

图 1.1　江南建筑彩画的分类

大木构架彩画可分为官式彩画和民间彩画两类。官式彩画即为青绿彩画（以旋花纹与如意纹为主体），主要用于高等级官式建筑中。民间彩画形式自由，构图灵活性大，根据构图有无方心分为方心彩画和无方心彩画。方心彩画在清代中期以前应用最为广泛的是包袱锦彩画。

天花藻井彩画可分为素地画和锦地画两类。素地画是以纯色（常见白色）为底色，其上绘制祥云异兽，用单线勾勒图案轮廓，不沥粉，不贴金，色彩淡雅鲜明。锦地画多出现在天花上，是在整个天花上施以锦地做法，又在其中设计其他纹样。

任务 1.4　古建筑彩画的部位与色彩规则

学习目标

知识目标

1. 了解清代官式彩画的部位特征；

2. 了解檩、垫、枋部位彩画的规则和构成。

能力目标

1. 能够根据描述或示例，正确识别和区分不同部位的彩画；
2. 能总结不同部位彩画的典型特征。

素养目标

1. 传承传统技艺，理解传统技艺的价值；
2. 严谨细致、精益求精的职业精神。

学习内容与工作任务描述

学习内容

1. 清代官式彩画的部位特征；
2. 古建筑彩画的色彩运用规则。

工作任务描述

1. 完成工作引导问题；
2. 查找实例，明确不同部位彩画的典型特征。

任务分组

班　级		专　业		
组　别		指导老师		
小组成员	组　长	组员 1	组员 2	组员 3
姓　名				
学　号				
任务分工				

工作引导问题

（1）清式彩画绝大多数在构图上将檩、垫、枋（其中主要指檩、枋）横向分为 3 段进行安排，其中中间的一段体量较大，占全枋长的 1/3，称（　　）。

（2）两条箍头之间的部位多呈方形，可在其中构图的部分称（　　）。

（3）在飞椽与檐椽的端面作彩画，分别称这两个部分为（　　）与（　　）。

（4）天花彩画中划分大边、岔角、鼓子心 3 部分的两层线分别为（　　）与（　　），方鼓子线内的部分也可称（　　），圆鼓子线内也可称（　　）。

任务 1.4 答案

工作任务

任务：小组任务

工作内容：

（1）简要陈述中国古建筑彩画的部位。

（2）搜集资料和彩画实例，概括古建筑彩画的色彩运用规则。

成果要求：以小组为单位提交学习报告，图文并茂，可配短视频。

成果展示：每组派 1 名同学进行汇报，以抽查的形式，选择 3～5 组进行汇报。

成果评价：

评价项目	评价标准	参考分值	得分
案例搜集	案例准确、图文并茂	20	
古建筑彩画的色彩运用规则	完整精练、逻辑清晰	30	
古建筑彩画的部位	全面准确、逻辑清晰	30	
汇报文件版式与配色	美观、配色协调、排版整洁、有条理	10	
团队精神	分工合理、配合密切	10	
总　分		100	

任务知识点

1.4.1　清式各部位的彩画

1. 檩、垫、枋部位彩画

清式彩画绝大多数在构图上将檩、垫、枋横向分为 3 段进行安排。箍头、方心、找头、盒子是彩画构图的几个重要部分，绝大多数彩画均为这个格式。方心是彩画的主要内容或为彩画划分等级的主要表达部位。靠梁枋端部各画有一条或两条较宽的竖带子形图案，称箍头。两条箍头之间的部位称为盒子；由箍头至方心之间的部分也可称找头。

2. 檐头部位彩画

檐头部位彩画包括椽头、望板、椽肚、角梁、宝瓶，这部分彩画与油漆有密切的联系，彩画图案多画在红绿油漆之间，其图案格式有的比较固定，有的则富于变化，从中也可以看出所装饰的建筑物的等级和所配的彩画种类。

在飞椽与檐椽的端面作彩画，分别称这两个部分为飞檐椽头与老檐椽头，由于体量小，又一直重复排列，所以选用的图案与表达方式均以简单醒目为前提。且椽头部位彩画应与大木彩画的风格一致。

望板、椽肚在一般的建筑上不作彩画，只按油漆规则涂以红帮绿底，如果作彩画，只用于高等级的建筑，与和玺彩画相配。

在角梁上，老角梁与仔角梁均进行彩画装饰，其中仔角梁又分有兽头和无兽头两种，彩画应分别处理。

宝瓶彩画分金宝瓶与红宝瓶两类，金宝瓶全部沥粉贴金，红宝瓶为章丹色勾墨线花纹切活图案。

3. 斗拱、灶火门（垫拱板）彩画

斗拱是彩画配套装饰的必然部位，在整个建筑中所占比例也较大。清代斗拱趋于短小细密，不像宋代斗拱那样硕大，可在上面进行多种形式的构图，所以清代斗拱彩画只能随其构件的自身轮廓进行填色勾边处理，突出其自身的形状，同时起到美观的作用。清代斗拱只有等级高低之分，没有不同格式的构图变化。

灶火门即垫拱板，彩画工艺因其特点而得名，其形式除与斗拱有密切联系外，也与大木彩画等级内容关系密切，所以格式多样，同时有等级高低之分，是体现建筑物彩画等级的另一个侧面。

4. 雀替、花活彩画

雀替、花活彩画与大木彩画有密切的联系，又因都是在立体的雕刻花纹上作彩画，效果更为华美，立体感突出。根据大木彩画的等级分类、用金情况决定雀替的做法。

雀替分为承托雀替的翘升、雀替大边、池子、大草和底面几部分，在彩画中分别予以不同处理。

花活彩画主要是指运用在两个枋子之间的花板部分的装饰，以及牙子、楣子、垂头部位的装饰，后者多见于垂花门和小式游廊建筑。

5. 天花彩画

天花是建筑物的主要装饰项目和彩画部位。天花的彩画工艺包括天花板与支条两部分，规则统一考虑确定。天花板体量相对较大，可绘制各种各样的图案，但基本格式通常固定不变。其基本格式为天花板由外至内分别由大边、岔角、鼓子心 3 部分组成。划分这

3 部分的两层线分别为方鼓子线与圆鼓子线。方鼓子线内的部分也可称方光，圆鼓子线内也可称圆光。天花板靠外轮廓没有线条。

天花也分殿式与苏式两类，殿式天花内容比较固定，常画龙、凤和较规则的图案，圆鼓子心内构图灵活；苏式天花内容丰富，常由设计人决定。同样内容图案的天花，由于用金不同和退晕层次的变化可分成若干等级，加之鼓子心内容的变化，天花式样层出不穷。

1.4.2 色彩运用规则

彩画各部位色彩的确定，是进行图案设计的前提，也是施工中的主要准则。本规则不仅适用于和玺彩画，也适用于旋子彩画。苏式彩画也体现出色彩规则，但是更为多变灵活。

清式各类彩画，不论是否贴金，均以青、绿为主，并辅以少量的香色、紫色和红色，其中青绿两色的运用一向有固定规则，其他辅助色彩也按一定规则随之配合，无论是哪种类型、等级的彩画，均运用此规律，主要表现在以下几方面。

（1）一座建筑物的明间檐檩箍头固定为青箍头，方心大多为绿色，如果是重檐建筑，则各层檐明间的檐檩箍头均为青箍头，方心也为绿色。

（2）在一个构件的构图之中，相邻部分的图案色彩，以青绿两色互相调换运用为原则。例如，方心为绿色，则方心外边的楞为青色带，俗称青箍头，青楞；而岔口线与另一条相同的平行线之间的色带则又为绿色，并以此类推。这样，青、绿、青、绿依次排列，直至枋子端部，左右对称。其中各种彩画箍头的色彩均与方心外围的楞部位的色彩相同，与方心相反，如青箍头必为青楞、绿方心：反之绿箍头则为绿楞、青方心。

（3）在同一间内，上下两个相邻的，进行同样构图的构件，同部位的青绿两色是调换运用的，即其中一个构件某处是绿色，在另一个相邻构件的相应部位则为青色，如小式明间檐檩箍头为青箍头，则下枋子应为绿箍头；大式建筑有大小额枋，檐檩为青箍头，则大额枋为绿箍头，小额枋又为青箍头，其他部位也随之相应变化。

（4）同一建筑物，明间与次间同一图案位置青绿两色互相调换，类推方式同上。相邻之间用色方法，即再次间色彩同明间，稍间色彩同次间。一座建筑各间配色，左右对称，两边的次间均一样，稍间等也均一样。例如，明间檐檩是青箍头，则次间檐檩为绿箍头，每件、每间本身青绿色彩的变化运用同第（2）条和第（3）条。

（5）大式建筑的由额垫板为红色，或在红色之中夹杂其他色彩的图案，小式垫板可尽量安排红色内容，参见各类彩画色彩规则条款。

（6）大式建筑的平板枋及挑檐枋彩画称坐斗枋与压斗枋，固定为青色，如需分段构图另定，按各类彩画规则进行。

（7）柱头的箍头按柱子颜色而定，红柱子柱头为绿箍头，即上面一条，下边一条，上为青下为绿，多见于大式红柱子运用，俗称上青下绿。上青下绿定色规则又适于其他很多类似相关的构件，如抱头梁与穿插枋的箍头，其上边的抱头梁箍头为青，穿插枋则为绿箍头，如遇游廊建筑，有天花，只露穿插枋，则全部为绿箍头。

微课：彩画概论

项目 1　工作小结

（工作难点、重点、反思）

项目 2　古建筑彩画局部设色工艺

局部设色工艺，是指古建筑彩画中各种纹样的上色工艺。

应用在建筑局部的图案花纹很多，有龙凤、宋锦、云、草、花、回纹、万字、寿字等。同样的花纹，因彩画等级和图案纹样本身的不同有多种不同的装饰效果，既可以很素雅，也可以很华丽。同时，这些花纹还可以任意舒展变化，可在不同形状的轮廓内构图，如既可在方形中构图，也可以在圆形、三角形以及其他异形轮廓内构图。例如卷草纹样，本身可以单独使用，也可与其他花、器物配合使用，还可以将卷草纹样演化成夔龙、夔凤等纹样，千变万化。

同样的图形因退晕有无，贴金有无，单色或多色，描金边、白边、黑边等不同表现技法，呈现丰富的效果。

任务 2.1　攒退活

学习目标

知识目标

1. 了解攒退活的工艺做法；
2. 熟悉攒退活的退晕特征。

能力目标

能对选定的纹样，按照攒退活的工艺做法上色。

素养目标

1. 以美育人，欣赏古建筑彩画之美；
2. 培养精益求精的工匠精神。

学习内容与工作任务描述

学习内容

1. 攒退活的工艺做法；

2. 攒退活的退晕特征。

工作任务描述

1. 完成工作引导问题；

2. 以攒退活的工艺做法，完成图样的上色；

3. 总结攒退活的工艺做法和退晕规律。

任务分组

班　级		专　业		
组　别		指导老师		
小组成员	组　长	组员 1	组员 2	组员 3
姓　名				
学　号				
任务分工				

工作引导问题

（1）攒退活做法中，退晕的层次是（　　　　　　　　）。

（2）攒退活工艺做法是（　　　　　　　　）。

（3）用浅色即晕色抹色，所选之色称为（　　）。

（4）行粉即按图案的外轮廓（　　），行粉有“双加粉”和“单加粉”两种样式。

（5）攒色，即画图案中的（　　）的工艺。

任务 2.1 答案

工作任务

任务 1：个人任务

根据要求完成上色。主色为青色，以攒退活的设色要求，将图 2.1 进行上色。

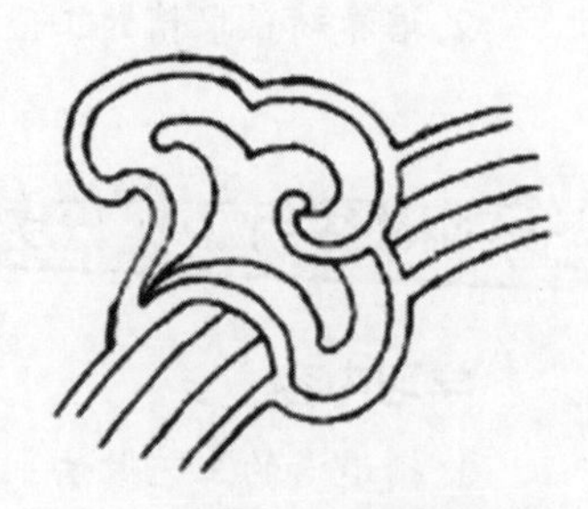

图 2.1　彩画卡子图案局部纹样

任务 2：小组任务

工作内容：小组进行讨论分析，搜集案例与资料，将攒退活的工艺做法进行整理分析，总结其退晕的规律。

成果要求：以小组为单位提交学习总结报告，图文并茂，可配短视频。

成果展示：每组派 1 名同学进行汇报，以抽查的形式，选择 3~5 组进行汇报。

成果评价：

评价项目	评价标准	参考分值	得分
案例搜集	案例准确、图文并茂	20	
攒退活工艺做法整理	完整精练、逻辑清晰	30	
攒退活退晕规律总结	全面准确、逻辑清晰	30	
汇报文件版式与配色	美观、配色协调、排版整洁、有条理	10	
团队精神	分工合理、配合密切	10	
总　分		100	

任务知识点

2.1.1 攒退活简介

攒退活是一种退晕的图案花纹，一组花纹可由几种基本色组合，如青色、绿色、香色、紫色、红色搭配而成，或只用其中一两种色，各色分别为深、浅、白退晕而成，其表达深色的工艺称“攒活”或“攒色”，因此这种类型的图案称攒退活。攒退活图案用途非常广泛，可以配合各种中档彩画，广泛用于天花、大木、梁头等彩画的局部上。

2.1.2 攒退活工艺做法

攒退活工艺做法按照步骤依次为：抹色→行粉→攒色。

1. 抹色

抹色也叫抹小色，即涂底色，但这种底色是指攒退活本身的底色，即晕色，如大木已刷色，它可以抹在已刷的青、绿、红等底色之上。根据花纹特点，如较复杂，事前也需拍谱子，将谱子拍在底色之上，之后用浅色即晕色抹色，所选之色称小色，如三青、三绿、粉红（硝红）、粉紫、浅香色等。但小色与底色不同，即如果底色为绿色，则所涂抹的小色应为粉红，三青等色，而不能用浅绿色。传统抹色用特制的小刷子，一笔顺直而行，即可涂得非常均匀，填满图案的轮廓，当然也可用普通毛笔涂。

2. 行粉

行粉即按图案的外轮廓勾白线，凡是涂抹小色的笔画轮廓均行粉，不论小色形状如何，各处宽窄是否一致，行粉均应粗细一致，行粉除起增加图案的层次外，还起确定轮廓、定稿的作用，因在涂色时已部分将谱子笔道里面的纹样涂盖，行粉时再找出被遮改的笔道。“行粉”有在抹色笔道一侧进行与双侧进行之分，如在抹色笔道的双侧进行，在彩画中称“双加粉”；如在抹色笔道的一侧进行，称“单加粉”，又称“跟头粉”，跟头粉画在笔道的“弓背”一面。

3. 攒色

攒色即画图案中的深色线条的工艺，线条色彩按浅色定，即如果小色为三青则用群青“攒”色，硝红则用银朱色“攒”色，称认色攒退，攒色线条的宽度占已行粉剩余浅色宽窄的 1/3，两边晕色各占 1/3（行粉线条的粗细窄于攒色，可占攒色宽的 1/2～2/3，视花纹体量大小而定，如花纹大可占 1/2，花纹小可占 2/3 左右），遇行粉勾入花纹的部分攒色宽窄可以改变，依花纹形状而定，主要留晕色的宽窄（攒色后剩余的浅色称晕色）使其均匀一致，并要与行粉形成勾咬状，以使图案达到优美含蓄的效果。

单加晕花纹的攒色靠小色的里侧即笔道弓里一侧进行，其线条粗细也应与晕色相等，也是认色攒退。另外，攒退活的工艺也可以在抹色之后进行，即先攒色后行粉，这时应先考虑所留晕色的宽度，不过这种做法在遇有花纹线条勾入图样之中时，攒色不易画得正确，如事先有沥粉线条则攒色较容易。

任务 2.2 爬粉攒退

学习目标

知识目标

1. 了解爬粉攒退的工艺做法；
2. 熟悉爬粉攒退的退晕特征。

能力目标

能对选定的纹样，按照爬粉攒退的工艺做法上色。

素养目标

1. 树立文化自信，传承传统技艺；
2. 培养持之以恒的工匠精神。

学习内容与工作任务描述

学习内容

1. 爬粉攒退的工艺做法；
2. 爬粉攒退的退晕特征。

工作任务描述

1. 完成工作引导问题；
2. 以爬粉攒退的工艺做法，完成图样的上色；
3. 总结爬粉攒退的工艺做法和退晕规律。

任务分组

班　　级		专　　业		
组　　别		指导老师		
小组成员	组　　长	组员 1	组员 2	组员 3
姓　　名				
学　　号				
任务分工				

工作引导问题

（1）爬粉攒退工艺做法的图案基本层次及色彩变化同攒退活花纹，只是白线条为（　　）。

（2）拍谱子一定在（　　）前进行，否则沥粉附不牢。

（3）爬粉攒退做法中，退晕的层次是（　　　　　　　）三色退晕。

（4）爬粉攒退工艺做法是（　　　　　　　）。

（5）沿着沥粉凸起的线条进行描白，使线条既白又凸起的做法称为（　　）。

任务 2.2 答案

工作任务

任务 1：个人任务

根据要求完成上色。主色为绿色，以爬粉攒退的设色要求，将图 2.2 进行上色。

注：需要沥粉处，直接以白色上色即可。

图 2.2　彩画卡子图案局部纹样

任务 2：小组任务

工作内容：小组进行讨论分析，搜集案例与资料，将爬粉攒退的工艺做法进行整理分析，总结其退晕的规律。

成果要求：以小组为单位提交学习总结报告，图文并茂，可配短视频。

成果展示：每组派 1 名同学进行汇报，以抽查的形式，选择 3～5 组进行汇报。

成果评价：

评价项目	评价标准	参考分值	得分
案例搜集	案例准确、图文并茂	20	
爬粉攒退工艺做法整理	完整精练、逻辑清晰	30	
爬粉攒退退晕规律总结	全面准确、逻辑清晰	30	
汇报文件版式与配色	美观、配色协调、排版整洁、有条理	10	
团队精神	分工合理、配合密切	10	
总　分		100	

任务知识点

2.2.1　爬粉攒退简介

爬粉攒退工艺做法的图案基本层次及色彩变化同攒退活花纹，只是白线条为凸起的沥粉线条，并在上面画白色线，因行粉是勾画在沥粉线条上，沿线“爬行”，故行业中称“爬粉”，这种攒退活即为爬粉攒退。它的花纹退晕层次由外至内也是由白、浅、深三色退晕，只是最外一层的白色线条更加鲜明突出。爬粉攒退的图案组合也是由蓝、绿、紫、青等组成，用法同攒退活，不过爬粉攒退一般多双加晕，很少有单加晕的做法。

2.2.2　爬粉攒退工艺做法

爬粉攒退工艺做法按照步骤依次为：拍谱子→沥粉→抹色→爬粉→攒色。

1. 拍谱子

这种图案如果在总体图案之中，在进行总体彩画拍谱子工序时即应拍谱子。拍谱子一定在刷色前进行，不同于攒退活，可在刷色后在大块色彩上面拍谱子，否则沥粉附不牢。

2. 沥粉

按谱子轮廓沥粉，为单道小粉，可在沥小粉程序中同时进行。

3. 抹色

按配色规则进行抹色，同攒退活，也是抹各种小色即晕色。按彩画总体工艺顺序，在沥粉后是刷色程序，这时有可能将需进行爬粉攒退部分的图案也一并刷过，因此抹色是抹在底色之上，同攒退活。由于事先已有沥粉轮廓，故抹色时较容易。

4. 爬粉

爬粉即行粉，沿着沥粉凸起的线条进行描白，使线条既白又凸起。由于事前沥粉，故白线条较攒退活的白线略粗。爬粉图案白色的遮盖力对图样的美观影响很大，如果爬粉不白，将起不到爬粉攒退的效果。

5. 攒色

按各爬粉轮廓内的颜色攒退，方法同攒退活。

做爬粉攒退图案也可先“攒色”后爬粉，因攒色前已有沥粉轮廓限制，所以容易“攒”得准确。

任务 2.3 金琢墨

学习目标

知识目标

1. 了解金琢墨的工艺做法；
2. 熟悉金琢墨的退晕特征。

能力目标

能对选定的纹样，按照金琢墨的工艺做法上色。

素养目标

1. 以美育人，欣赏古建筑彩画之美；
2. 培养吃苦耐劳的工匠精神。

学习内容与工作任务描述

学习内容

1. 金琢墨的工艺做法；
2. 金琢墨的退晕特征。

工作任务描述

1. 完成工作引导问题；
2. 以金琢墨的工艺做法，完成图样的上色；
3. 总结金琢墨的工艺做法和退晕规律。

任务分组

班　级		专　业		
组　别		指导老师		
小组成员	组　长	组员 1	组员 2	组员 3
姓　名				
学　号				
任务分工				

工作引导问题

（1）金琢墨做法中，由外至内的退晕层次为（　　　　　　　　）。

（2）金琢墨工艺做法是（　　　　　　　　）。

（3）金琢墨图案效果的做法比攒退活图案笔道的外轮廓增加了（　　）程序。

（4）按包胶线条打金胶时，在金胶油（　　）的情况下再进行贴金。

（5）各种体量花纹用金琢墨做法均为（　　）形式。

任务 2.3 答案

工作任务

任务 1：个人任务

根据要求完成上色。主色为青色，以金琢墨的设色要求，将图 2.3 进行上色。

注： 需要沥粉处，直接以白色上色即可，贴金部分直接涂刷金色。

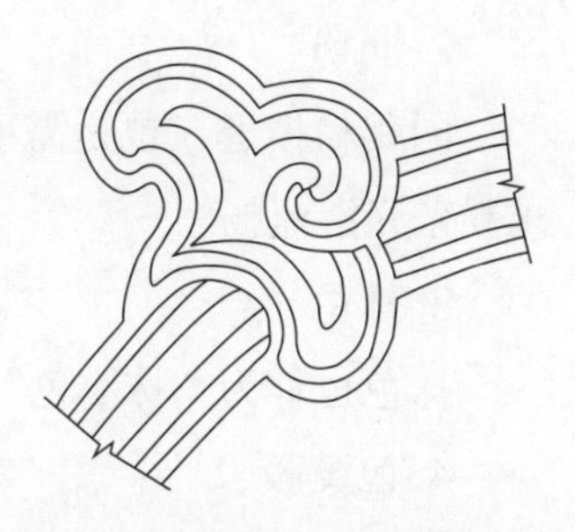

图 2.3　彩画卡子图案局部纹样

任务 2：小组任务

工作内容：小组进行讨论分析，搜集案例与资料，将金琢墨的工艺做法进行整理分析，总结其退晕的规律。

成果要求：以小组为单位提交学习总结报告，图文并茂，可配短视频。

成果展示：每组派 1 名同学进行汇报，以抽查的形式，选择 3～5 组进行汇报。

成果评价：

评价项目	评价标准	参考分值	得分
案例搜集	案例准确、图文并茂	20	
金琢墨工艺做法整理	完整精练、逻辑清晰	30	
金琢墨退晕规律总结	全面准确、逻辑清晰	30	
汇报文件版式与配色	美观、配色协调、排版整洁、有条理	10	
团队精神	分工合理、配合密切	10	
总　分		100	

任务知识点

2.3.1　金琢墨简介

金琢墨是一种表现辉煌华丽的图案效果的做法，它比攒退活图案增加沥粉贴金轮廓，即在攒退活图案笔道的外轮廓又加沥粉贴金程序，由外至内的退晕层次为金（沥粉贴金）、白、浅、深，由于退晕层次多，故图案显得工整细腻，格外精致美观。金琢墨图案为高等级的彩画格式，所以常配在高等级彩画的某些局部，是彩画装饰方法的成熟格式之一，用途非常广泛，各种金琢墨名目的彩画，即以其中有金琢墨花纹为主要特征。

2.3.2　金琢墨工艺做法

金琢墨的工艺做法按照步骤依次为：拍谱子→沥粉→抹色→包黄胶→打金胶→贴金→行粉→攒色。

1. 拍谱子

同爬粉攒退，在刷色前进行，将纸上的图案纹样转移到木构件上的过程。

2. 沥粉

同爬粉攒退，也是需事先在地仗上沥粉（小粉），由于需在沥粉线条之上贴金，故要求粉条光滑流畅。

3. 抹色

抹色也称为“抹小色”，所遇情况与处理方法同爬粉攒退，需要在沥粉干后进行。

4. 包黄胶

小色干后，沿沥粉线条，满描黄胶（黄颜料加胶调和而成），可与总体彩画图案包胶程序同时进行。

5. 打金胶

将金胶油抹到需贴金的部位上的工艺称“打金胶”。金胶油是把金箔粘到木构件表面上的黏合剂。

6. 贴金

将金箔贴到打金胶的位置，需要在金胶油干燥适度时贴金。

7. 行粉

金琢墨图案贴金以后为沥粉贴金线条包裹着各种小色，已有金和晕色两个层次，行粉在贴金之后进行，压在小色之上，靠沥粉贴金线条里侧，线条与金线紧贴平行，并可以压盖贴金后的不齐之处，起齐金作用。

8. 攒色

同攒退活攒色程序，但由于事先已贴金，故攒色应干净整齐，靠金线而不脏染金线。

各种体量花纹用金琢墨做法均为双加晕形式，即使小体量的局部花纹也多为双加晕，但有时较大的花纹，如雀替、龙草和玺的大翻草却有单加晕的形式，也称金琢墨做法。

任务 2.4 烟琢墨

学习目标

知识目标

1. 了解烟琢墨的工艺做法；
2. 熟悉烟琢墨的退晕特征。

能力目标

能对选定的纹样，按照烟琢墨的工艺做法上色。

素养目标

1. 树立文化自信，提升文化认同感；
2. 以美育人，欣赏古建筑彩画之美。

学习内容与工作任务描述

学习内容

1. 烟琢墨的工艺做法；
2. 烟琢墨的退晕特征。

工作任务描述

1. 完成工作引导问题；
2. 以烟琢墨的工艺做法，完成图样的上色；
3. 总结烟琢墨的工艺做法和退晕规律。

任务分组

班　级		专　业		
组　别		指导老师		
小组成员	组　长	组员 1	组员 2	组员 3
姓　名				
学　号				
任务分工				

工作引导问题

（1）烟琢墨做法中，由外至内的退晕层次为（　　　　　　　　　）。

（2）烟琢墨工艺做法是（　　　　　　　　　）。

（3）烟琢墨做法的特点是图案笔道的外轮廓为（　　　）。

（4）烟琢墨做法中的拘黑工艺线条要比（　　　）宽，与金琢墨的沥粉线条粗细（　　　）。

（5）烟琢墨图案无论花纹大小在实例中均为（　　　）做法。

任务 2.4 答案

工作任务

任务 1：个人任务

根据要求完成上色。主色为绿色，以烟琢墨的设色要求，将图 2.4 进行上色。

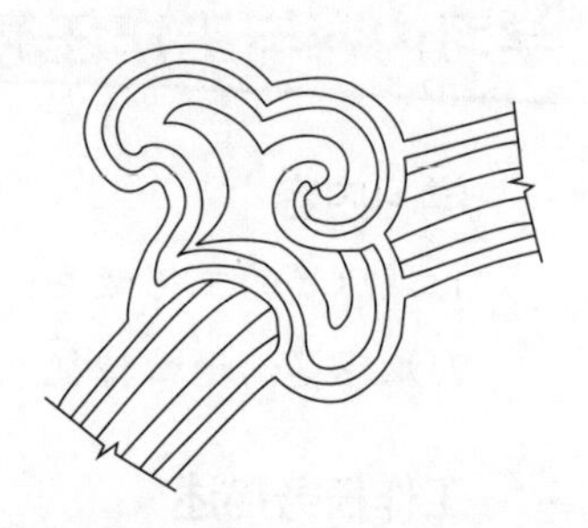

图 2.4　彩画卡子图案局部纹样

任务 2：小组任务

工作内容：小组进行讨论分析，搜集案例与资料，将烟琢墨的工艺做法进行整理分析，总结其退晕的规律。

成果要求：以小组为单位提交学习总结报告，图文并茂，可配短视频。

成果展示：每组派 1 名同学进行汇报，以抽查的形式，选择 3～5 组进行汇报。

成果评价：

评价项目	评价标准	参考分值	得分
案例搜集	案例准确、图文并茂	20	
烟琢墨工艺做法整理	完整精练、逻辑清晰	30	
烟琢墨退晕规律总结	全面准确、逻辑清晰	30	
汇报文件版式与配色	美观、配色协调、排版整洁、有条理	10	
团队精神	分工合理、配合密切	10	
总　　分		100	

任务知识点

2.4.1　烟琢墨简介

烟琢墨是退晕图案的一种表达方式，特点为图案笔道的外轮廓为黑色线条，如与金琢墨图案比较，即沥粉贴金的部位改成黑色线条，因传统彩画颜料用烟子调和成黑颜料，做墨使用，故俗称烟作墨，现统称烟琢墨。花纹的退晕层次笔道由外至内为黑、白、浅、深 4 种色彩层次。由于图案的外轮廓使用黑线，故图案与底色的区别清楚醒目，同时墨线加强了与白色线条的对比效果、使白色线条更醒目突出，又使图案格调沉稳深重。烟琢墨图案广泛地运用于天花的岔角、苏式彩画的卡子和其他部位，是彩画的图案基本表达方式之一。

2.4.2 烟琢墨工艺做法

烟琢墨工艺做法按照步骤依次为：拍谱子→抹色→拘黑→行粉→攒色。

1. 拍谱子

在进行基本工艺的刷色之后，在底色上重新拍谱子，将烟琢墨局部花纹过漏到构件上，也可以事先拍谱子，在刷底色时将其空出，如岔角，但多用前者。

2. 抹色

抹色也称为“抹小色”，方法同攒退活。

3. 拘黑

拘黑是烟琢墨图案花纹的特有工序，即在没有黑线的色块上，勾出黑色轮廓线，以后的各项工序均按勾好的黑色轮廓线进行。拘黑线条的走向同攒退活图案的行粉，但线条粗细程度不同，拘黑线条的粗细要比行粉宽，与金琢墨的沥粉线条粗细大致相等。否则不醒目突出，也不利于行粉工艺的进行。

4. 行粉

在拘黑之后，沿黑线轮廓的内侧进行，与黑线并行，线条比黑线细，占黑线宽的1/2～2/3，行粉可以略压黑线以修整拘黑的不准确之处。

5. 攒色

方法同攒退活，认色攒退。

烟琢墨图案由于使用黑线勾边，为避免色彩单调、呆板，故整组图案不应用一色退晕完成，至少应用 3～4 色配合完成。烟琢墨图案无论花纹大小在实例中均为双加晕做法。

任务 2.5 片金

学习目标

知识目标

了解片金的工艺做法。

能力目标

能对选定的纹样，按照片金的工艺做法上色。

素养目标

1. 培养传承传统技艺的兴趣与决心；
2. 培养对美的敏感度和感知能力。

学习内容与工作任务描述

学习内容

片金的工艺做法。

工作任务描述

1. 完成工作引导问题；

2. 以片金的工艺做法，完成图样的上色；

3. 总结片金的工艺做法和贴金工艺具体做法。

任务分组

班　级		专　业		
组　别		指导老师		
小组成员	组　长	组员 1	组员 2	组员 3
姓　名				
学　号				
任务分工				

工作引导问题

（1）片金图案完全由沥粉贴金的（　　）组成。

（2）片金工艺做法是（　　　　　　　　）。

（3）沥粉线条多为平行的两条线，距离约（　　）。

（4）金胶油的作用是（　　　　　　　　）。

（5）有些图案如龙、凤、西番莲草，在表现上也在沥粉线条之中满贴金，不施任何色，也称（　　）。

任务 2.5 答案

工作任务

任务 1：个人任务

根据要求完成上色。以片金的设色要求，将图 2.5 进行上色。

注：需要沥粉处，直接以白色上色即可，贴金部分直接涂刷金色。

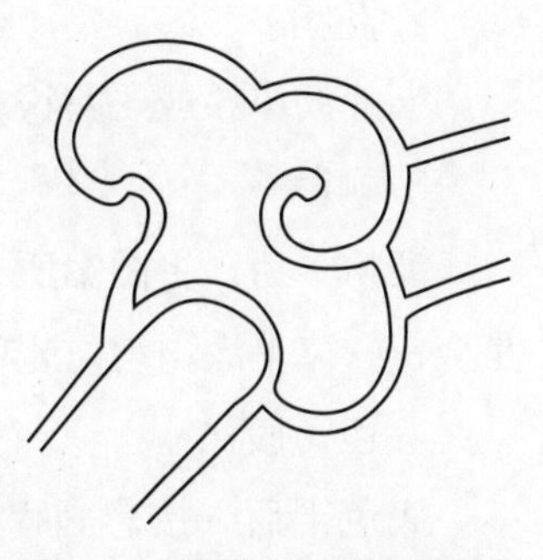

图 2.5　彩画卡子图案局部纹样

任务 2：小组任务

工作内容：小组进行讨论分析，搜集案例与资料，将片金的工艺做法进行整理分析，将贴金工艺的具体做法进行总结。

成果要求：以小组为单位提交学习总结报告，图文并茂，可配短视频。

成果展示：每组派 1 名同学进行汇报，以抽查的形式，选择 3～5 组进行汇报。

成果评价：

评价项目	评价标准	参考分值	得分
案例搜集	案例准确、图文并茂	20	
片金工艺做法整理	完整精练、逻辑清晰	30	
贴金工艺的具体做法总结	全面准确、逻辑清晰	30	
汇报文件版式与配色	美观、配色协调、排版整洁、有条理	10	
团队精神	分工合理、配合密切	10	
总　分		100	

任务知识点

2.5.1　片金简介

片金为成片金的意思，是针对前几种做法而言，即以前几种图案格式为模式，不施任何颜色，图案完全由沥粉贴金的较宽金色条带组成。沥粉线条多为平行的两条线，距离约 10mm，在沥粉线条之间（包括沥粉）贴金。片金图案都用在较深的底色上，故效果非常醒目，如找头内、箍头内的纹样；与其他工艺相比，片金工艺做法相对简单，而且效果非常好，故应用十分广泛。

2.5.2　片金工艺做法

片金工艺做法按照步骤依次为：拍谱子→沥粉→刷色→包黄胶→打金胶→贴金。

1. 拍谱子

谱子事先拍在地仗上，是将纸上的图案纹样转移到木构件上的过程。

2. 沥粉

一般沥小粉或二路粉。在沥大粉之后同沥其他小粉同时进行。

3. 刷色

沥粉干后，将图案所在部位按规定满涂色，不分图案与空档之间和以后哪是底色，哪是金，一律平涂均匀。此项工序多与基本工艺的刷色同时进行，将沥粉线条盖住。

4. 包黄胶

底色干后，按彩画程序，随同其他部位的包胶，将片金图案满包黄胶（黄调和漆）。包胶之后图案的式样便清楚地显示出来。

5. 打金胶

黄胶干后，将金胶油抹到需贴金的部位上的工艺称“打金胶”。金胶油是把金箔粘到木构件表面上的黏合剂。

6. 贴金

在金胶油干燥适度时将金箔贴到打金胶的位置。由于片金图案笔道宽窄大体一致，故贴金较容易，而且较省金箔，用金量不大于金琢墨花纹。这项程序随总体工艺程序同时进行。

另外有些图案如龙、凤、西番莲草，在表现上也在沥粉线条之中满贴金，不施任何色，也称片金图案，只是图案格式与上述格式略有区别，多为宽窄不规则的图形，且图形内又多有沥粉线条充斥其间。

任务 2.6 玉作

学习目标

知识目标

1. 了解玉作的工艺做法；

2. 熟悉玉作的退晕特征。

能力目标

能对选定的纹样，按照玉作的工艺做法上色。

素养目标

1. 欣赏古建筑彩画之美，加强审美教育；

2. 传承古人的智慧与创新。

学习内容与工作任务描述

学习内容

1. 玉作的工艺做法；

2. 玉作的退晕特征。

工作任务描述

1. 完成工作引导问题；

2. 以玉作的工艺做法，完成图样的上色；

3. 总结玉作的工艺做法和退晕规律。

任务分组

班　　级		专　　业		
组　　别		指导老师		
小组成员	组　　长	组员 1	组员 2	组员 3
姓　　名				
学　　号				
任务分工				

工作引导问题

（1）玉作做法中，由外至内的退晕层次为（　　　　　　　　　）。

（2）玉作工艺做法是（　　　　　　　　　）。

（3）在规定画玉作花纹的部位满涂二色，包括图案本身和图案之外比晕色深的色，一般多为（　　　）或（　　　）。

（4）按谱子的轮廓勾白线，白线将底色分为内外两部分，白线轮廓内为（　　　），白线外为（　　　），图案内外为同一色彩。

（5）玉作图案均为（　　　）形式。

任务 2.6 答案

工作任务

任务 1：个人任务

根据要求完成上色。主色为绿色，以玉作的设色要求，将图 2.6 进行上色。

任务 2：小组任务

工作内容：小组进行讨论分析，搜集案例与资料，将玉作的工艺做法进行整理分析，总结其退晕的规律。

成果要求：以小组为单位提交学习总结报告，图文并茂，可配短视频。

成果展示：每组派 1 名同学进行汇报，以抽查的形式，选择 3～5 组进行汇报。

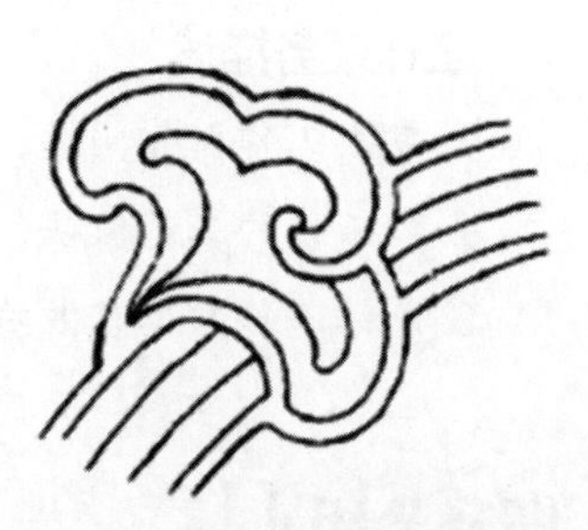

图 2.6 彩画卡子图案局部纹样

成果评价：

评价项目	评价标准	参考分值	得分
案例搜集	案例准确、图文并茂	20	
玉作工艺做法整理	完整精练、逻辑清晰	30	
玉作退晕规律总结	全面准确、逻辑清晰	30	
汇报文件版式与配色	美观、配色协调、排版整洁、有条理	10	
团队精神	分工合理、配合密切	10	
总 分		100	

任务知识点

2.6.1 玉作简介

玉作是表达素雅图案的一种方法，完全不用金，图案本身退晕效果由外至内层次也为白、浅、深 3 个部分，近似攒退活，但图案为单色彩退晕，不是由几色相配组合来分别认色退晕，而且它的晕色部分与底色一致，故工艺十分简单，图案具有玲珑剔透的效果。

2.6.2　玉作工艺做法

玉作工艺做法按照步骤依次为：刷底色→拍谱子→行粉→攒色。

1. 刷底色

在规定画玉作花纹的部位满涂二色，包括图案本身和图案之外比晕色深的色，一般多为二绿或章丹，与白色有鲜明的反差，与深色也有明显的过渡余地。

2. 拍谱子

在已涂底色（二色）的部位拍谱子，将设计好的玉作图案漏到二色上面。

3. 行粉

按谱子的轮廓勾白线，白线将底色分为内外两部分，白线轮廓内为图案笔道，白线外为底色，图案内外为同一色彩。

4. 攒色

用比底色明显深重的色攒，如二绿用砂绿攒、章丹用深红（或黑紫红）攒，攒色时把白粉内部看成单独的图案进行，与外部色彩不相干，以免误认混淆。

玉作图案均为双加晕，运用有限，只配极素雅的彩画局部，如天花岔角。

2.6.3　玉作与攒退活区别

两者退晕层次是一致的，都是白—浅—深。玉作是一个图案中只有一种色彩（不含白色），常见绿色或红色，但是攒退活在一个图案上可以有两种及以上的主要色调，常见青色、绿色搭配使用。

任务2.7　纠粉

学习目标

知识目标

1. 了解纠粉的工艺做法；

2. 熟悉纠粉的退晕特征。

能力目标

能进行纠纷工艺的局部设色。

素养目标

1. 树立精益求精的工匠精神；
2. 以美育人，欣赏古建筑彩画之美。

学习内容与工作任务描述

学习内容

1. 纠粉的工艺做法；
2. 纠粉的退晕特征。

工作任务描述

1. 完成工作引导问题；
2. 总结纠粉的工艺做法和退晕规律。

任务分组

班　　级		专　　业		
组　　别		指导老师		
小组成员	组　　长	组员 1	组员 2	组员 3
姓　　名				
学　　号				
任务分工				

工作引导问题

（1）纠粉做法中，退晕没有明显的层次，而是由（　　）逐渐过渡，如同渲染色彩。

（2）纠粉的做法多用于（　　）部位。

（3）在纠粉的雕刻部位满涂底色，视图样造型不同，也可分别涂几种不同的底色，一般多用（　　）、（　　）两种深色。

（4）纠粉工艺的具体做法是（　　　　　　　　　　）。

任务 2.7 答案

工作任务

任务：小组任务

工作内容：小组进行讨论分析，搜集案例与资料，将纠粉的工艺做法进行整理分析，总结其退晕的规律。

成果要求：以小组为单位提交学习总结报告，图文并茂，可配短视频。

成果展示：每组派 1 名同学进行汇报，以抽查的形式，选择 3～5 组进行汇报。

成果评价：

评价项目	评价标准	参考分值	得分
案例搜集	案例准确、图文并茂	20	
纠粉工艺做法整理	完整精练、逻辑清晰	30	
纠粉退晕规律总结	全面准确、逻辑清晰	30	
汇报文件版式与配色	美观、配色协调、排版整洁、有条理	10	
团队精神	分工合理、配合密切	10	
总　　分		100	

任务知识点

2.7.1 纠粉简介

纠粉是一种极简单的做退晕的技巧，其退晕没有明显的层次，而是由白至深逐渐过渡，如同渲染色彩，此做法多用于雕刻部位，按雕刻花纹的轮廓进行，以突出图案的立体效果，也偶用于大木的局部图案。

2.7.2 纠粉工艺做法

先在纠粉的雕刻部位满涂底色，视图样造型不同，也可分别涂几种不同的底色，一般多用青、绿两种深色。之后进行纠粉，用两支笔，一支蘸白色，一支蘸清水，先沿着弯曲图案色带的“弓背”，部分涂白色，宽度可占花纹色带宽的 1/5～1/3，之后趁湿用清水笔搭接，使白色逐渐地、轻淡地过渡到深色部分。

任务 2.8 拆垛

学习目标

知识目标

1. 了解拆垛的工艺做法；
2. 熟悉拆垛画花的技法特征。

能力目标

能进行拆垛工艺的局部设色。

素养目标

1. 培养精益求精的工匠精神；
2. 欣赏古建筑彩画之美。

学习内容与工作任务描述

学习内容

1. 拆垛的工艺做法；
2. 拆垛的退晕特征。

工作任务描述

1. 完成工作引导问题；
2. 总结拆垛的工艺做法和退晕规律。

任务分组

班　　级		专　　业		
组　　别		指导老师		
小组成员	组　　长	组员 1	组员 2	组员 3
姓　　名				
学　　号				
任务分工				

工作引导问题

（1）拆垛又称（　　），是画花的一种技法。

（2）根据图样用场不同，拆垛分为（　　）和（　　）两种。

（3）在个别情况下用拆垛技法也可以表达花朵之外的某些图案，但效果粗糙，只能用于（　　）彩画装饰。

（4）拆垛工艺的具体做法是（　　　　　　　　）。

任务 2.8 答案

工作任务

任务：小组任务

工作内容：小组进行讨论分析，搜集案例与资料，将拆垛的工艺做法进行整理分析，总结其退晕的规律。

成果要求：以小组为单位提交学习总结报告，图文并茂，可配短视频。

成果展示：每组派 1 名同学进行汇报，以抽查的形式，选择 3～5 组进行汇报。

成果评价：

评价项目	评价标准	参考分值	得分
案例搜集	案例准确、图文并茂	20	
拆垛工艺做法整理	完整精练、逻辑清晰	30	
拆垛退晕规律总结	全面准确、逻辑清晰	30	
汇报文件版式与配色	美观、配色协调、排版整洁、有条理	10	
团队精神	分工合理、配合密切	10	
总　分		100	

任务知识点

2.8.1　拆垛简介

拆垛又称拆朵，是画花的一种技法，作画时，一支笔的笔尖蘸取某种单色的颜料（红色或蓝色等），笔肚蘸取白色颜料，落笔后形成色彩有深浅变化的花朵纹样。根据图样用场不同，有只画花头和花头枝头全画两种。前者多指梅花，单个构图，各朵之间距离均匀，或间插竹叶，形成图案式构图，多画在香色、紫色等底色上面；后者多画较具体形象的花，也是一笔两色，也有两种：一种花及叶为同一色彩，另一种花与叶为不同的色彩，但都是一笔两色的画法。

2.8.2 拆垛工艺做法

拆垛花层次丰富，具有一定的表现力，画法简单，所以一些简单的彩画常用。在个别情况下用拆垛技法也可以表达某些复杂图案，但效果粗糙，只能用于临时和次要的彩画装饰。

任务 2.9 清勾

学习目标

知识目标

1. 了解清勾的工艺做法；
2. 熟悉清勾的勾线要求。

能力目标

能进行清勾工艺的局部设色。

素养目标

1. 提高对美的欣赏和理解能力；
2. 培养持之以恒的工匠精神。

学习内容与工作任务描述

学习内容

清勾的工艺做法。

工作任务描述

1. 完成工作引导问题；
2. 总结清勾的工艺做法；
3. 对比分析 9 种局部设色工艺，进行总结。

任务分组

班　级		专　业		
组　别		指导老师		
小组成员	组　长	组员 1	组员 2	组员 3
姓　名				
学　号				
任务分工				

工作引导问题

（1）清勾做法很讲究（　　）的技巧与效果。

（2）一朵花在颜色上齐后，就用勾线来完成造型的细腻感，勾线用（　　）色较多。

（3）勾线除用白粉外，还可以用（　　），效果更俊美，因金价昂贵，还有用黄加赭石加黑调成假金色代之使用的。

（4）清勾做法花纹造型已接近（　　）。

（5）局部设色工艺共有（　　）种，分别是（　　　　　　　　　　）。

任务 2.9 答案

工作任务

任务 1：小组任务

工作内容：小组进行讨论分析，搜集案例与资料，将清勾的工艺做法进行整理分析与总结。

成果要求：以小组为单位提交学习总结报告，图文并茂，可配短视频。

成果展示：每组派 1 名同学进行汇报，以抽查的形式，选择 3~5 组进行汇报。

成果评价：

评价项目	评价标准	参考分值	得分
案例搜集	案例准确、图文并茂	30	
清勾工艺做法整理	完整精练、逻辑清晰	30	
汇报文件版式与配色	美观、配色协调、排版整洁、有条理	20	
团队精神	分工合理、配合密切	20	
总　分		100	

任务2：个人任务

工作内容：对比分析9种局部设色工艺，填写表2.1。

表2.1　彩画局部图样做法比较

彩画局部设色工艺做法	退晕	颜色层次（由外而内）	沥粉	贴金	白色轮廓线	黑色轮廓线
攒退活						
爬粉攒退						
金琢墨						
烟琢墨						
片金						
玉作						
纠粉						
拆垛						
清勾						

任务知识点

2.9.1　清勾简介

清勾在传统彩画中多有应用，一般用于一些特定的部位上，花纹造型接近写生，讲究勾线的技巧与效果（以勾线为主），因此为清勾。例如，一朵花在颜色上齐后，就用勾线来完成造型的细腻感，勾线用白色较多，因此要求花的颜色不宜太浅，勾线除用白粉外，还可以用金勾，效果更俊美，因金价昂贵，还有用黄加赭石加黑调成假金色代之使用的。

2.9.2　清勾工艺做法

用一只较细的笔，蘸取白色或金色，在上好颜色的图案上勾线。

2.9.3　局部设色工艺做法总结

局部设色工艺做法有9种，片金虽然最醒目，却是单一金色，做法相对简单。最复杂、最精致、最辉煌的为金琢墨，其次为烟琢墨，烟琢墨减去黑后变成攒退活，攒退活基础上加沥粉为爬粉攒退，攒退活减去晕色后（直接用底色当晕色）变成玉作，纠粉是更为简单的单色渐变退晕做法，拆垛一笔两色专门画花，清勾只强调勾线。这些做法可以单独使用，有些也可以叠用，表达方法则更为多样，如片金加玉作、片金加攒退活等。但不是任意两种做法都可以叠用。因为除了片金图案外的任何做法都有两个特点：第一，它们都是由退晕组成，不论是 2 道晕，3 道晕还是 4 道晕，都是由浅至深过渡而成；第二，花纹都是由粗细相顺的线条组成。这样，有些做法如果用在一起，其中一种就会显得缺少层次，像没有做完的半成品。以常用的攒退活为例，如果和烟琢墨、金琢墨、玉作合用，不是显得烟琢墨、金琢墨多一层黑线、金线，就是显得攒退活少一层金线或黑线，或显得玉作没有刷晕色而有单薄之感，它们合用是很不协调的，因此，攒退活不能和金琢墨、烟琢墨、玉作搭在一起运用。同样，烟琢墨也不能和金琢墨合用，金琢墨也不能和玉作合用。

微课：古建筑彩画局部设色工艺

项目 2　工作小结

（工作难点、重点、反思）

项目3 基层处理

基层处理，就是在彩画绘制前，对木构件的表面所做的处理，传统称为地仗工艺。木结构的古建筑，为了保护木构件不受日晒、风吹和雨淋侵害，以及便于在木构件上进行油漆或彩画，通常做一层地仗。地仗是木构件表面和油漆或彩画之间的部分，是1～3mm的非常坚固的灰壳。地仗常见的做法有一麻五灰、三道灰等，使用时要根据建筑部位和工程需要来选用。不论哪种地仗做法，首先要进行木构件表面处理，包括砍、挠、洗、烧、撕缝、楦缝、下竹钉、汁浆工艺做法，然后叠加灰层、麻层、布层等，形成完整的地仗工艺。

任务3.1 传统地仗工艺

学习目标

知识目标

1. 熟悉传统地仗工艺的做法；
2. 了解各类有麻层、布层的地仗和单披灰地仗的工艺做法。

能力目标

能对比分析有麻层、布层的地仗和单披灰地仗工艺做法的异同。

素养目标

1. 传承中国传统工艺，培养职业自豪感；
2. 发扬中国优秀传统文化。

学习内容与工作任务描述

学习内容

1. 地仗中各灰层的种类和作用；
2. 各类有麻层、布层的地仗和单披灰地仗的工艺做法。

工作任务描述

1. 完成工作引导问题；

2. 各类有麻层、布层的地仗工艺做法整理；

3. 单披灰地仗工艺做法整理。

任务分组

班　级		专　业		
组　别		指导老师		
小组成员	组　长	组员 1	组员 2	组员 3
姓　名				
学　号				
任务分工				

工作引导问题

（1）（　　）是指在油漆彩画之前，木质基层与油漆彩画之间的部分。

（2）在汁浆干后进行的地仗工艺的第一道灰是（　　）。

（3）（　　）是地仗工艺的最后一层灰。

（4）北方官式建筑多使用（　　）的地仗，而南方的古建筑多采用（　　）。

（5）地仗有很多种，工艺做法有的繁杂，有的较为简单，但是所有地仗做法的最后一道工序都是相同的，是（　　）。

任务 3.1 答案

工作任务

任务：小组任务

工作内容：地仗工艺做法整理，搜集资料，整理有麻层、布层的地仗做法和单披灰的地仗做法，进行总结，包括工艺所需的所有工具与材料、每种地仗做法的工艺顺序、各层灰层的作用等内容，成果为 PPT 文件。

成果要求：以小组为单位提交学习总结报告，图文并茂，可配短视频。

成果展示：每组派 1 名同学进行汇报，以抽查的形式，选择 3～5 组进行汇报。

成果评价：

<table>
<tr><th colspan="2">评价项目</th><th>评价标准</th><th>参考分值</th><th>得分</th></tr>
<tr><td rowspan="2">有麻层、布层的地仗工艺</td><td>所用工具与材料</td><td>全面，逻辑清晰</td><td rowspan="2">20</td><td></td></tr>
<tr><td>各类地仗工艺顺序</td><td>工序正确，有各工艺做法总结对比</td><td></td></tr>
<tr><td rowspan="2">单披灰的地仗工艺</td><td>所用工具与材料</td><td>全面，逻辑清晰</td><td>20</td><td></td></tr>
<tr><td>各类地仗工艺顺序</td><td>工序正确，有各工艺做法总结对比</td><td>20</td><td></td></tr>
<tr><td colspan="2">报告的规范性</td><td>目录清晰，标题规范，字号字体统一</td><td>10</td><td></td></tr>
<tr><td colspan="2">报告的美观性</td><td>版式与配色美观，图文并茂</td><td>10</td><td></td></tr>
<tr><td colspan="2">汇报表现</td><td>条理清晰，表达流畅，主次分明</td><td>20</td><td></td></tr>
<tr><td colspan="3">总　分</td><td>100</td><td></td></tr>
</table>

任务知识点

“地仗”是指在油漆彩画之前，木质基层与油漆、彩画之间的部分，这部分由多层灰料组成，并钻进生油，是一层非常坚固的灰壳。进行这部分工作称为地仗工艺。

3.1.1 地仗的分类

地杖可以分为以下两类。第一类是麻层、布层，包括二麻一布七灰、一麻一布六灰、一麻五灰、一布四灰等做法。第二类是不使麻和布的单披灰做法，包括四道灰、三道灰、二道灰、靠骨灰等。

3.1.2 不同地区古建筑的地仗做法

北方官式建筑多使用一麻五灰的地仗，而南方的古建筑多采用三道灰地仗或只打底子。

3.1.3 地仗中用到的灰层

1. 捉缝灰

捉缝灰是在汁浆干后进行的地仗工艺的第一道灰，因捉缝灰籽粒大，黏结牢固，易干燥，所以不仅用于填补缝隙，还用于垫找大的不平部位，如明显低洼不平之处，缺楞短角部分，均使用捉缝灰进行初步垫找，垫至基本达到原构件未损裂之前的形状，俗称找平、借圆。捉缝灰不满刮于构件之上，但如遇柱根等破损密度大，程度严重的部位，则可在局部满刮一层，既填补缝隙又垫平借圆。

2. 扫荡灰

扫荡灰又叫通灰。在捉缝灰干后进行，这层灰需满铺构件并裹严，灰层平均厚度为2～3mm。捉缝灰的外形与构件形状协调一致、平整、光滑、楞角整齐。捉缝灰干燥后很坚固，用砂纸是打磨不动的，可用砂轮石片打磨，即使如此也只能对浮籽、挂灰不实、明显出边起楞的地方起作用，并不能使灰层减薄。

3. 压麻灰、压布灰

用麻或用布之后，经过磨麻或磨布工艺，上压麻灰或压布灰。一般磨麻后不宜立即进行压麻，因在麻层磨麻之后，还需进一步干燥，隔1～2d进行。压麻灰的运用同扫荡灰，但这道灰在某些部位的走向应与扫荡灰走向错开、交叉，以提高灰层的总体平整度。

4. 中灰

在压麻灰后进行，压麻灰完成后地仗已初具形状，以后的工作就是使灰层表面一步步趋向细腻、平整，细部更准确。中灰是细灰前的一层过渡层，以解决粗灰与细灰之间籽粒大小悬殊的问题，所以中灰层不必加厚，加厚反而影响地仗坚固程度，只需薄薄的一层，能将灰料填补于压麻灰籽粒之间即可。

5. 细灰

细灰是地仗工艺的最后一层灰，是决定地仗整体灰壳的平整、细腻和准确程度的一项工作，粗灰、中灰无法做准确的楞角，细部都由细灰解决。这就要求细灰干后便于修磨，一般厚度为1.5～2mm，个别处可略厚些或略薄些，磨去的厚度为0.5～1mm，视不同情况而定。

3.1.4 麻层

1. 使麻

在地仗层中加入一层麻，起加固整体灰层，增强拉力，防止灰层开裂的作用。如不使麻，在灰层过厚时，由于各灰层之间的相互作用，地仗很易开裂，因此，使麻是地仗中一项非常重要的具有明显传统特色的程序。麻层在扫荡灰之后使用。

2. 磨麻

使麻之后，麻粘在构件上，凝固之后不能直接做下一层灰的工作，传统认为麻干后，表面的粘麻浆很光滑，不利于与灰层的结合，所以需打磨麻层。打磨后可使部分麻纤维起麻绒，有利于与灰层的结合，所以磨麻要求一定要磨出麻绒。传统磨麻均很仔细，用砂石打磨，动作短急，俗称“短磨麻”。

3.1.5 布层

1. 使布

在地仗层中加入一层夏布，与麻层的作用一致。布层在扫荡灰之后使用。若同时有麻有布，先用麻，后用布。

2. 磨布

磨布的作用与做法与磨麻一致。

3.1.6 磨细钻生

磨细指打磨细灰，钻生指浸生桐油。细灰层是比较松散的，便于修磨，缺点是极易酥裂，进行磨细钻生后，使其干燥后灰壳坚固耐久，具有耐水、耐风化的性能。

3.1.7 各类地仗工艺做法

各种地仗做法，实际上就是各类灰层、麻层、布层、轧线、磨细灰、钻生油的不同排列组合。注意在地仗工艺之前，必须完成木构件表面处理工艺，包括砍、挠、撕缝、楦缝、下竹钉、汁浆等工艺。每一次使灰后开始下一工序之前，必须先打磨和清理。

1. 有麻、有灰地仗的操作顺序

（1）二麻一布七灰：捉缝灰→扫荡灰→使麻→磨麻→压麻灰→使麻→磨麻→压麻灰→使布→磨布→压布灰→中灰→细灰→磨细钻生。

（2）二麻六灰及一麻一布六灰：捉缝灰→扫荡灰→使麻→磨麻→压麻灰→使麻（布）→磨麻（布）→压麻（布）灰→中灰→细灰→磨细钻生。

（3）一麻五灰及一布五灰：捉缝灰→扫荡灰→使麻（布）→磨麻（布）→压麻（布）灰→中灰→细灰→磨细钻生。

2. 单披灰地仗的操作顺序

（1）四道灰：捉缝灰→扫荡灰→中灰→细灰→磨细钻生。

（2）三道灰：捉缝灰→中灰→细灰→磨细钻生。

（3）二道灰：中灰→细灰→磨细钻生。

（4）靠骨灰：细灰→磨细钻生。

3.1.8 地仗的材料与工具

1. 材料

（1）油满：应随用随打满，稠度适宜，无生面团。

（2）灰油：应易干燥。

（3）血料：纯净无杂质。

（4）砖灰：大籽、中籽、小籽、鱼籽、中灰、细灰，无受潮现象。

（5）土粉子：过箩后使用，无颗粒感。

（6）大白面：细腻无杂质。

（7）滑石粉：细腻无杂质。

（8）地仗材料配比应符合表3.1所示内容。

表3.1 地仗材料配比（体积比）

项目	血料	油满	鱼籽	小籽	中籽	大籽	中灰	细灰	水	光油
汁浆	1	1							适量	
捉缝灰	1	2		1	3	2				
扫荡灰	1	2		1	3		3			
使麻	1	1.8								
压麻灰	1	1.5		1	1		2			
中灰	1	1.2	2				8			
细灰	1							3.9	适量	3%

2. 工具

地仗的主要工具有桶、碗、皮子、铁板、过板、灰耙、勺、斧子、挠子、开刀、油石、笤帚、布、铲刀、锤子、剪子等。

微课：地仗工艺

任务3.2 木构件表面处理

学习目标

知识目标

1. 了解旧木构件清除原有地仗处理工艺（砍、挠、洗、烧）；
2. 熟悉木构件表面缝隙处理工艺（撕缝、楦缝、下竹钉）。

能力目标

能对新旧木构件进行表面处理。

素养目标

1. 培养吃苦耐劳的精神；
2. 培育精益求精的工匠精神。

学习内容与工作任务描述

学习内容

1. 新木件表面处理工艺；

2. 旧木件表面处理工艺。

工作任务描述

1. 完成工作引导问题；

2. 完成新旧木构件的表面处理工艺。

任务分组

班　　级		专　　业		
组　　别		指导老师		
小组成员	组　　长	组员 1	组员 2	组员 3
姓　　名				
学　　号				
任务分工				

工作引导问题

（1）新做的木构件表面较为平整，光滑，不利于其与地仗层的粘结，用（　　）的工艺将表面变得粗糙，可以利于木构件与灰料的接合。

（2）古建筑中对旧油皮的处理以（　　）为主，（　　）应结合实际情况慎用。

（3）砍、挠后的旧构件应洁白干净，俗称（　　）。

（4）对新旧木件上的缝隙进行处理的工艺有（　　）。

（5）（　　）为一种很稀的材料，由满、血料加水调成，用于地仗油灰前，使地仗油灰更容易附于木材表面上。

任务 3.2 答案

工作任务

任务1：新木件表面处理

工具：挠子、小斧子。

工艺：挠→砍。

具体做法：

（1）将木构件表面的雨锈、木屑、杂物等用挠子挠净。

（2）斧刃倾斜角度为30°～45°，斧迹深度为1～2mm，斧迹间距约为10mm，斧迹方向与木纹垂直，不能顺着木纹方向进行，将木构件的光面砍麻。

工艺要求：

（1）用力适中，斧迹排布均匀，深浅一致。

（2）砍活由下至上进行。

任务2：旧木件表面处理

子任务1：满砍旧地仗

工具：挠子、小斧子、小水桶。

工艺：砍→挠。

具体做法：

（1）用小斧子将旧木构件上的油灰、麻皮全部砍净。

（2）先用水将需要挠的部位打湿，用挠子将残留的油灰、水锈污渍挠净，斧刃倾斜角度为30°～45°，斧迹深度为1～2mm，斧迹间距约为4mm，斧迹方向与木纹垂直，不能顺着木纹方向进行。

工艺要求：

（1）砍净挠白的过程中不能伤到木骨，不损坏木构件原有的造型线条。

（2）木构件上糟朽的木质一定要全部砍挠干净，露出新木茬。

子任务2：局部斩砍旧地仗

工具：挠子、小斧子、小水桶。

工艺：砍→挠。

具体做法：

（1）用小斧子将旧木构件上的油灰、麻皮全部砍净。

（2）用挠子将残留的油灰、水锈污渍挠净，斧刃倾斜角度为30°～45°，斧迹深度为1～2mm，斧迹间距约为4mm，斧迹方向与木纹垂直，不能顺着木纹方向进行。

工艺要求：

（1）空鼓的旧地仗要全部砍净，不留残余。

（2）需要斩砍掉的空鼓地仗部分，其边缘线应当是砍成一条曲线，不能砍成一条折线，避免出现尖锐折角。

（3）当空鼓的旧地仗边缘线与木构件的裂缝重合或正位于两个木构件接缝处，则应该向牢固地仗一侧多砍出50mm左右。

（4）保留的旧地仗边缘要砍成斜面，以增大与之后新地仗的接触面积。

任务3：撕缝

工具：铲刀、磨刀石、小水桶、扫帚。

工艺做法：

用铲刀将木构件裂缝铲成V字形。

工艺要求：

（1）缝隙内侧要见到新木茬，以便粘牢之后的油灰层。

（2）宽度在2mm以下的细小且短的缝隙可以不处理。

（3）宽度在5mm以上的缝隙撕得不宜过大，以免楦缝困难或油灰过厚而不容易干燥，在夏天和阴雨天容易发霉长毛。

任务4：下竹钉

工具：锯子、小斧子、刀或扁铲、锤子。

材料：竹子。

工艺做法：

（1）制作竹钉。用锯子把竹子锯成50～80mm长的竹段，再用刀或扁铲劈成端头10mm见方的细竹条，一头铲出尖，铲净竹瓤，用时根据情况进一步削修。

（2）下竹钉。木件上的裂缝中间宽两头窄，中间下扁头竹钉，两头下尖头竹钉，竹钉的间距约为10cm。先下两端，后下中间的竹钉，用锤子轻轻地敲入，钉入一定的深度以后，按顺序同时钉牢。

工艺要求：

（1）如果裂缝中有抽筋木（一条裂缝被一条木丝皮子分成了两条缝），应该在木筋的两侧呈梅花形下竹钉。

（2）每条裂缝都得下钉，不得漏下。

（3）竹钉应用老竹、干竹。

（4）下竹钉要按照木缝的大小、深浅、长短、宽窄酌情确定，由操作者掌握。

任务5：楦缝

工具：锯子、刀或扁铲、锤子、刨子。

材料：木料、小钉子。

工艺做法：

（1）木条制作。将木料开成20mm厚的板材，再根据缝隙的宽度，用锯子锯成10～20mm宽的木条。根据裂缝的具体宽度和形状，用刀或扁铲对木条进行修整。

（2）将修整好的木条楦到缝隙里，用锤子楦牢。

（3）用3.3～10cm（1～3寸）的小钉子将木条钉牢。

（4）用刨子将木条刨到和木构件表面一样平。

工艺要求：

（1）楦缝用料与被楦处应为同一材质。

（2）楦缝要楦实、楦牢、楦平，不能漏楦。

（3）木构件表面松动的皮层要钉牢，低凹不平之处用薄木板补平，孔洞、活节用木块按相应的形状补平钉牢。

（4）楦缝若用胶粘结，需要等待胶干燥后进行下道工序。

任务6：表面汁浆

工具：刷子、木棒、桶。

材料：油满、血料、水。

工艺做法：

（1）汁浆配制：油满∶血料∶水=1∶1∶20，先将血料放入桶内用木棒搅碎，加入油满搅拌均匀，最后加水继续搅拌均匀。

（2）用刷子蘸取汁浆涂刷于处理好的木构件表面，顺着木纹先上后下涂刷，先秧角后大面积涂刷。

工艺要求：

（1）汁浆要满涂于木构件表面，涂刷均匀。

（2）缝隙深处应反复处理。

（3）汁浆浓度适宜，切勿过稠，否则会出现挂甲、出亮，影响地仗与木构件接合。

（4）汁浆干燥后，方可进行下道工序。

微课：木构件表面处理

成果展示：展示表面处理过的木板。

成果评价：

评价项目	评 价 标 准	参考分值	得分
砍、挠	新木件：斧迹排布均匀，深浅一致 旧木件：需清除旧地仗的部分要砍净挠白，不留残余；斧迹排布均匀，深浅一致	20	
撕缝	裂缝为V字形，缝隙内侧要见到新木茬	20	
楦缝	楦实、楦牢、楦平，不能漏楦	20	
下竹钉	每条裂缝都得下钉，不得漏下	20	
表面汁浆	涂刷均匀，无挂甲、出亮现象	20	
总 分		100	

任务知识点

3.2.1 新木件表面处理

新做的木构件表面较为平整，光滑，不利于其与地仗层的粘结，在进行地仗工艺之前，先完成木构件表面处理。若有雨锈、木屑、杂物等，先用挠子挠净，没有则无须处理。砍的工艺将表面变得粗糙，可以利于木构件与灰料的接合。

3.2.2 旧木件表面处理

旧木件陈旧程度不同，表面问题也比较复杂，有的以前曾进行过油漆和地仗处理，有的未经油漆。有的呈现大面积裸露的明显的木筋及水锈，有的是酥裂空鼓的地仗灰层，有的构件旧油皮尚坚固硬挺。以上情况可能同时有多种存在于一个古建筑中，对各种不同情况，分别按砍、挠、洗、烧的方法进行处理。古建筑中对旧油皮的处理以砍、挠为主，洗、烧应结合实际情况慎用。

1. 砍

砍适用于存留有油皮地仗的部位，需要将酥裂不牢的地仗砍掉，砍时要求仅砍掉旧地仗，不伤木骨，并排密均匀，用力适中，否则构件经几次修缮后其断面尺寸会明显减小。砍活很费斧刃，应备制粗细砂轮、磨石。

2. 挠

砍的工序做空之后大部分油皮地仗全部脱落，但并不能全部砍干净，还要进行挠的工序。先用水将要挠的部分喷湿，作用是使灰迹变软，加快操作速度，还可以减少操作时的灰尘。砍、挠后的旧构件应洁白干净，俗称砍净挠白。对于无灰迹，已露出木构件表面的部位，大多木筋及水锈明显，也应喷湿，用挠子刮去水锈，露出新木面。

3. 洗

洗是指用化学方法洗掉旧油皮，适用于油皮较薄的部位，一般多用于椽望和其他类似部位。常见的洗有火碱洗和脱漆剂洗。

火碱洗做法是将火碱提前一天用清水泡化，浓度略大，火碱：水≈1：20。用时涂刷在油皮表面，可涂数次，使油皮变软、变滑，之后用刀刮掉，一次刮不净可再覆涂一层进行。火碱会损伤木质，洗后应用清水冲洗，缓解其浓度。火碱也易损伤皮肤，这种方法在特殊情况下使用。

脱漆剂洗做法是用脱漆剂刷在被脱漆部位，20～30min漆膜就会松软、起泡，用刀或钢丝棉可很容易地将漆除掉。脱漆剂是化学脱漆材料，优点是使用方便，脱漆迅速，不伤木骨，适用于高级内装修，需露木纹的部位；缺点是脱漆剂造价高，是易燃物质，内含大量苯，对人体有害，为安全起见，特殊情况下才使用。

4. 烧

烧可以用于去掉坚固老厚油皮。用喷灯的火焰烘烤，使油皮起泡变软，然后刮除干净。这种方法很快，不论油皮多厚，经喷灯火烧数秒后油皮即可变软，需要将变软的油皮及时铲掉，否则变凉后又非常坚固。使用喷灯容易将木面烤焦，所以要慎用。

3.2.3 撕缝、楦缝、下竹钉

1. 撕缝

撕缝适用于木构件上较窄的缝隙，这种缝隙过窄使得较大的油灰颗粒不能填满缝隙，需要用工具使缝隙变得稍大一些，在挤灰时有利于灰料进入缝的深处。撕缝就是用工具将缝隙的开口处铲得稍微大一些。

2. 楦缝

楦缝适用于木构件裂缝宽度大于5mm的缝隙。对于这种较宽、较深的缝隙，不能全用灰料来填充，因为过多的灰料在缝中干燥缓慢，同时灰料本身干后有坍落，故需用木条将缝隙楦满，为了牢固还要加钉钉牢，使其不致松动。楦缝时为了不影响之后的工序，木条不能高于构件的平面。对旧木料进行楦缝，要将原缝中的旧料剔出，换入新料。

3. 下竹钉

下竹钉适用于木构件裂缝宽度为3～5mm的缝隙，新的木构件和修缮工程中的旧木构件都需要下竹钉，目的是为防止木构件受外界温度、湿度影响而涨缩，引起裂缝宽度变化，从而造成地仗起鼓、开裂。下竹钉，就是将竹子制成的细竹条打入木缝，使缝隙保持相对稳定，约束其变形，防止木构件涨缩将灰料挤出。竹钉用硬竹板截成，钉长约4cm，宽约1cm，扁形，用时根据情况进一步削修。对于大的缝隙，竹钉先下两端，后下缝的中部，如先下中段，两端钉后，中段会被挤出掉下。竹钉间距约为10cm。总之，下竹钉要依缝的大小、深浅、长短、宽窄酌情确定，由操作者本人掌握。

3.2.4 汁浆

砍挠之后，木材表面、缝隙中浮有灰土、杂物，不利于与油灰的接合。汁浆又称支浆，前者指材料，后者指操作。汁浆为一种很稀的材料，由满、血料加水调成，用于地仗油灰前，使地仗油灰更容易附于木材表面上。传统方法是用一种特制棕刷进行，反复涂抹稀汁浆。现在，较大工程可将汁浆过筛后用喷浆机喷涂，经反复喷涂，将缝隙中的浮土、杂物喷出，使木材表面形成一层黏膜，提高整个地仗的牢固程度，喷涂十分重要，不能遗漏。

3.2.5 工艺做法

1. 新木件表面处理工艺做法

砍→撕缝→下竹钉→楦缝→汁浆（砍之前可能有挠工序）。

2. 旧木件表面处理工艺做法

砍→挠（根据实际情况，可能增加洗、烧工序）→撕缝→下竹钉→楦缝→汁浆。

任务 3.3 北方常见地仗做法——一麻五灰

学习目标

知识目标

1. 熟悉一麻五灰地仗的工艺流程；

2. 掌握一麻五灰地仗工艺中各工序的工具、材料、具体做法和工艺要求。

能力目标

能进行一麻五灰地仗的施工操作。

素养目标

1. 培养持之以恒的职业精神；

2. 传承精湛传统技艺和优秀传统文化。

学习内容与工作任务描述

学习内容

1. 一麻五灰地仗的工艺流程；

2. 一麻五灰地仗工艺中各工序的工具、材料、具体做法和工艺要求。

工作任务描述

1. 完成工作引导问题；

2. 完成捉缝灰、扫荡灰、使麻、磨麻、压麻灰、中灰、细灰、磨细钻生工艺。

任务分组

班　　级		专　　业		
组　　别		指导老师		
小组成员	组　　长	组员 1	组员 2	组员 3
姓　　名				
学　　号				
任务分工				

工作引导问题

（1）北方常见地仗做法是一麻五灰，操作顺序是（　　　　　　　　　　　　　　）。

（2）一麻五灰地仗中，一共使用了 5 种灰层，分别是（　　　　）、（　　　　）、（　　　　）、（　　　　）、（　　　　）。

（3）使麻是在地仗层中加入一层麻，起加固整体灰层，增强拉力，防止灰层开裂的作用，其工序分为 6 步，分别是（　　　　　　　　　　　　　　）。

（4）轧线是由多层灰壳套成，所以夹在地仗灰中进行，一般在（　　）工艺中有轧线工序。

（5）磨细钻生，磨细指的是打磨细灰层，钻生指的是在磨好的细灰上搓（　　　）。

任务 3.3 答案

工作任务

任务 1：木构件表面处理

工艺：挠 → 砍 → 撕缝 → 下竹钉 → 楦缝 → 汁浆。

注：工具、材料、具体做法与工艺要求见项目 3 任务 3.2。

任务 2：捉缝灰

工具：桶、灰耙、扫帚、铁板、灰碗。

材料：大籽、中籽、小籽、血料、油满。

灰浆配制：

（1）配比。

灰料：大籽：中籽：小籽 =2：3：1。

油浆：血料：油满 =1：2。

捉缝灰：灰料：油浆 =1：1。

（2）调配。将血料去掉表层的硬皮，放置在桶内用灰耙搅碎，加入油满调匀，再加入灰料，握紧灰耙，上部略向外倾，由桶边插入抄底，搅拌均匀。

具体做法：

（1）清扫现场，把构件上下、建筑内外用扫帚扫净。

（2）1 人独立操作，“横挤顺刮”，即两手各执铁板和灰碗，用铁板向缝内横向挤灰，挤满后再用铁板尖斜插入缝，反复刮找，捉实捉满，顺木缝刮净余灰。

（3）捉缝的同时裹柱头、柱根、梁头，找圆找方，秧角找直顺。

（4）构件的低洼不平与缺棱短角处用铁板皮子补平，补直，补齐，均不得超出木构件表面高度。柱头、柱根、秧角处要找直借圆，自然风干。

工艺要求：

（1）捉缝灰的配制要在使用以前 4h 调好，使灰籽被油浆浸透，便于使用。

（2）灰的厚度为 2～3mm。

（3）材料品种、质量须合格，选用材料得当。

（4）表面平整，无野灰、蒙头灰，缝内灰实饱满，粘结牢固。

（5）木构件表面有铁箍等加固铁件时，应把锈蚀物清除干净，涂刷防锈漆，并应按金属表面处理工艺配套使用。漆膜应饱满，不得遗漏。

任务 3：扫荡灰

工具：桶、灰耙、扫帚、磨头（金刚石）、铁板、灰碗、板子、皮子。

材料：中籽、小籽、中灰、血料、油满。

灰浆配制：

（1）配比。

灰料：中籽：小籽：中灰 =3：1：3。

油浆：血料：油满 =1：2。

扫荡灰：灰料：油浆 =1：1。

（2）调配。将血料去掉表层的硬皮，放置在桶内用灰耙搅碎，加入油满调匀，再加入灰料，握紧灰耙，上部略向外倾，由桶边插入抄底，搅拌均匀。

具体做法：

（1）用磨头（金刚石）打磨捉缝灰，并修整清理。

（2）3 人一组，1 人在前面抹灰，1 人过板子，1 人在后面捡灰。

（3）抹灰者以过板的长度为准，抹 1～2 板长均可。操作时由上至下，由右至左进行。竖木件先横后竖，横木件先竖后横。抹灰反复造实后再附灰。操作中桶跟着皮子走，不可皮子跟着桶走。

（4）过板者迎面而站，双脚大于肩宽。一手持板，板与木件垂直，板面略倾，先试过，将灰蹬平，最后一板成活。把木件刮平、刮直、刮圆，板口余灰及时清理干净。

（5）捡灰者手持铁板灰碗，捡板子接头处余灰，不平处补灰衬平。板子未刮到之处用铁板代刮，并随时捡净落地灰。

工艺要求：

（1）捉缝灰的配制要在使用以前 4h 调好，使灰籽被油浆浸透，便于使用。

（2）灰的厚度为 2～3mm，灰层之间粘结牢固。

（3）较低洼处分几次使灰，等待灰风干后再进行下道工序。

（4）表面平整，棱角直顺，无接头感。

任务 4：使麻

工具：桶、刷子、麻压子、麻针或钉子、秧角板。

材料：血料、油满、水、麻。

油浆配制：

（1）配比。

开浆：血料：油满 =1：1.8。

潲生：油满：血料：水 =（1.2～1.5）：1：（4～7）。

（2）调配。将血料去掉表层的硬皮，用灰耙搅拌至无血块时再加入油满调制均匀，需要加水的，再加入水搅拌均匀即可。

具体做法：

（1）开浆。一人操作，手持桶用护刷将油浆正兜反甩于木件上，往返涂抹均匀，油浆不宜过厚，以能浸透麻为合宜。

（2）粘麻。将麻调理直顺，长短适宜，薄厚均匀地粘在浆上。麻要横于木纹贴，阴阳角处木纹不同应按缝横贴。横向粘麻时右手拿麻向左甩尾再向右拉粘。竖向粘麻时由上向下甩尾再向上拉粘，或由下向上甩尾再向下拉粘也可。将麻整理均匀粘住不脱落即可。如柱子粗、木件大可由两人操作。

（3）砸干轧。先粗轧后细轧，先轧秧角后轧大面。一手持麻压子，一手轻轻按麻，以免麻移动。横着麻轧使麻入浆，边轧边调理薄厚，漏地补麻，修理周边，顺麻挤浆。与墙的结合部位、柱门、柱根麻向里收拢，随拢随轧切，不可窝边。

（4）潲生。用护刷将潲生用浆涂于未轧透的干麻上。将干麻包用麻针或钉子翻开，干麻暴露进行潲生，重新整理轧实。如头浆开得足、开得合适或没有干麻包可以不潲生。

（5）水轧。用麻针或钉子将麻丝翻起，弄虚，再次检查干麻包的情况，重新轧实轧平。

（6）整理。用麻压子在麻上再轧一遍，检查修正麻的厚度、均匀度、密实度。用秧角板将阴角处压实调理直顺，擦净周边污渍。

工艺要求：

（1）所用材料质量合格。

（2）麻厚 2～3mm，麻与灰应粘接牢固。

（3）薄厚均匀不漏地，无干麻包和空鼓现象。

（4）表面平整，秧角整齐不窝浆。

任务 5：磨麻

工具：磨头（金刚石）、铲刀。

具体做法：

由上至下，先磨秧角再磨大面。磨头（金刚石）用较锋利处横于麻丝来回蹭，去掉浆皮出绒后变换位置。

工艺要求：

（1）使麻工序后九成干时进行磨麻。

（2）磨头往返距离不宜过长，寸磨为好，磨匀不留死角，出绒即可。

（3）磨出较长的麻丝，不能抻拉，要用铲刀切断。

（4）秧角处用小而薄的磨头。

（5）磨完后将麻面打扫干净并清扫地面，晾晒 2d 后方可进行下道工序。

任务 6：压麻灰

工具：桶、灰耙、扫帚、湿布、铁板、灰碗、板子、皮子、轧子。

材料：中籽、小籽、中灰、血料、油满。

灰浆配制：

（1）配比。

灰料：中籽：小籽：中灰 =1：1：2。

油浆：血料：油满 =1：1.5。

压麻灰：灰料：油浆 =1：1。

（2）调配。将血料去掉表层的硬皮，放置在桶内用灰耙搅碎，加入油满调匀，再加入灰料，握紧灰耙，上部略向外倾，由桶边插入抄底，搅拌均匀。

具体做法：

（1）清扫过水布。用扫帚顺风清扫麻面并用湿布抽打，去其灰尘及散落的麻绒。

（2）3 人一组，1 人在前面抹灰，1 人过板子，1 人在后面捡灰。

（3）抹灰。手持桶、皮子，由上至下，由左至右，先秧角后大面把灰抹在麻面上，先往返地把灰捉严造实后再适度附灰。横木件竖向造灰，横向附灰。竖木件横向造灰，竖向附灰。附灰的长度可以根据板子的大小抹 1～2 板长。柱子横向分段进行，先裹柱头再裹柱身，下端横向围裹，将灰造实后附灰。

（4）过板。先粗过后细过。粗过用板子调整灰的余缺，反复试过。细过根据所需灰的厚度，调整板口角度并适当用力，顺其麻丝横推竖裹一气呵成。遇秧角时，板口在秧角处稍作停留，并上下（左右）轻轻错动几下，再推出或拉出，使秧角更加直顺，板口余灰刮于桶内，擦净板口再继续过板。

（5）捡灰。手持铁板、灰碗，捡板子接头处余灰，不平处补灰找平，板子未到处用铁板代过。随时捡净落地灰。

（6）轧线。线口处待灰略干后进行轧线，线的宽度略小于中灰、细灰线条的宽度。

工艺要求：

（1）用材料质量合格，灰厚为 1～2mm。

（2）与麻层粘接牢固，无空鼓现象。

（3）板缝隐蔽，表面平整无接头感，无野灰。

（4）棱角、秧角直顺。

任务 7：中灰

工具：桶、灰耙、扫帚、磨头（金刚石）、湿布、铁板、灰碗、板子、皮子、轧子。

材料：鱼籽、中灰、血料、油满。

灰浆配制：

（1）配比。

灰料：鱼籽：中灰 =2：8。

油浆：血料∶油满 =1∶1.2。

中灰：灰料∶油浆 =1∶1。

（2）调配。将血料去掉表层的硬皮，放置在桶内用灰耙搅碎，加入油满调匀，再加入灰料，握紧灰耙，上部略向外倾，由桶边插入抄底，搅拌均匀。

具体做法：

（1）磨压麻灰、清理：用磨头（金刚石）打磨压麻灰，先秧角后大面把压麻灰轻轻地满磨一遍，去其浮籽和余灰。磨头进不去的地方由铁板铲刮，之后清扫干净并过水布（湿布）。

（2）抹灰。手持桶、皮子，由左至右、由上至下将灰抹在压麻灰上，反复造实再附灰。

（3）过板。先用板子往返试过，调整灰的余缺，最后根据所需灰的厚度，调整板口角度，横推竖裹一气呵成。板口到秧角处稍作停留，上下（左右）错动几下再推出或拉出，使秧角更加直顺。个别部位板子不易过到，可用铁板代过。

（4）捡灰。用铁板捡板子接头余灰，不平处补灰找平。

（5）轧线。线口处待灰略干后进行轧线，线条的宽度略比细灰线小。

工艺要求：

（1）所用材料质量合格，灰厚为 1～2mm，灰宜薄不宜厚。

（2）与压麻灰之间粘接牢固。

（3）表面平整，板口接茬与上道灰错开并无接头感，无野灰。

（4）阴阳角整齐，各种线条直顺。

任务 8：细灰

工具：桶、灰耙、瓦片、湿布、铁板、板子、水、刷子、轧子、皮子。

材料：血料、清水、光油、细灰。

灰浆配制：

（1）配比。血料∶清水∶光油∶细灰 =1∶适量∶0.03∶3.9。

（2）调配。将血料去掉表层的硬皮，放置在桶内用灰耙搅碎，加清水搅匀后入光油调匀，再加细灰调制。特殊部位细灰过 80 目筛，调配好后盖湿布备用。

具体做法：

（1）磨中灰、清理。用较合适的瓦片磨出直口，将中灰满磨一遍，阴角磨头进不去的地方用铁板铲刮，去其浮粒，湿布掸干净。

（2）汁浆。用刷子蘸清水涂刷中灰，水不宜多。

（3）找细灰。手端灰碗，用合适的铁板从碗口边正反刮取细灰。正刮反抹，反刮正抹置边角、秧角、棱线、梁头、椽头等处，将灰粘牢贴实，顺其边缘铲净余灰。

（4）轧线。3 人操作，抹灰、轧线、捡灰各 1 人。先左后右、先上后下地进行。框线从左下开始，至右下交圈操作。

抹灰者用小皮子把灰抹在线口上，先造实后附灰。

轧线者用轧子将灰调理均匀，先试轧后，再把轧子刷洗干净。双手持轧子的两侧均匀用力，推拉均匀一气呵成。

捡灰者紧跟其后，迅速找补余缺，捡净余灰，将线角调理直顺。

（5）溜细灰。在找过的细灰空隙内添灰，2～3 人组档均可，视工作量和木件大小而定。2 人组档，1 人用皮子在前面抹灰，造实后附灰，1 人在后用铁板过灰并捡灰。3 人组档，抹灰、过板、捡灰各 1 人。一般用铁板过灰，面积较大用板子过灰。

工艺要求：

（1）所用材料质量合格，灰厚为 2～3mm，灰宜稠不宜稀。

（2）与中灰之间粘接牢固。

（3）表面平整无空鼓，无缺棱掉角现象，无野灰。

（4）阴阳角直顺，线条圆润，曲线对称一致。

任务 9：磨细钻生

工具：瓦片、铁板、铲刀、砂纸、丝头或油刷。

材料：生桐油。

具体做法：

（1）清理。用铁板、铲刀清理柱根、秧角，去其浮灰、落地灰并打扫干净。

（2）磨细灰。选择大小不一、较为细腻的干瓦片制成平口，磨圆木件时制作弧形磨具。先磨秧角，后磨大面，最后磨线口。开始粗磨，然后细磨。磨头的平面置细灰上，上下、左右往返连磨带蹭，磨距要短，轻轻磨去硬皮后磨距再适当加长。高低不平会有手感，低处发滑，高处发涩，从磨过的痕迹也能看出平整度。高处局部重点揉磨，用尺板横竖搭尺检查。就低磨高借平。磨圆木件时横磨竖顺。全部磨完后用 200 号砂纸细磨一遍。

（3）钻生。就是在磨好的细灰上搓生桐油，先上后下，先秧角后大面，丝头在掌心中轻轻滚动，搓匀，搓至灰皮不喝油为止。用油刷刷生油也可以。

（4）1～2h 后擦净浮油，待生油干燥后再进行下道工序。

工艺要求：

（1）选用磨头合理。

（2）开始磨距要短，细磨时，磨距要长，不能磨穿。

（3）钻生时间间隔要短，生油钻透无挂甲。

（4）秧角整齐，柱圆棱直，表面平整无“鸡爪”（龟裂）。

微课：一麻五灰地仗

任务知识点

3.3.1 一麻五灰

北方常见地仗做法是一麻五灰，操作顺序是：木构件表面处理→捉缝灰→扫荡灰→使麻→磨麻→压麻灰→中灰→细灰→磨细钻生。

3.3.2 轧线

古建筑的下架木构件上，有许多边楞和装饰线，如梅花方柱子的梅花线，隔扇大边的“两炷香”（两条平行的半起凸线条），以及坎框的混线、八字线等许多带有边楞和起装饰线的部位（图 3.1）。这些装饰线和整齐楞角很多都不是木构件的原始形状，因为旧构件经反复修缮，边楞线角已失去原貌，所以大部分都是由灰料堆起来的，即使是新构件，对某些已起线的部位，传统工艺也不保留，而是根据工艺需要另行处理。传统工艺在做这部分工作时，先在需起线的部位堆一定厚度的灰或抹上灰埂，然后使灰料通过与线型相同的模具，最后成型。这里所用的模具为轧子，或称闸子。轧子样式很多，按部位名称分有框线轧子、梅花轧子、窝角线轧子、云盘线轧子等；按形状分有平面、斜面的，有单线、双线的，有凹凸面的。工序不同大小也不一样，有粗灰轧子、中灰轧子、细灰轧子。过去用竹板磨制轧子，现在多使用铁皮轧子，现场自行制作。

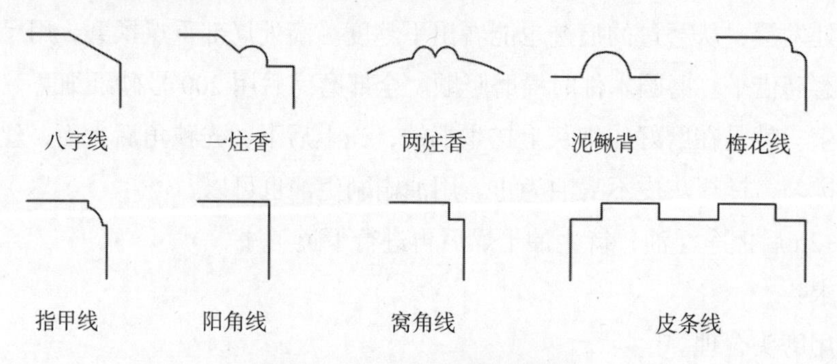

图 3.1　地仗灰轧线的各种线型

修制轧子的工作称挖轧子，可由竹板、铁片、塑料片等材料制作。轧线可以做成非常准确的各种线型，并且可以加快施工速度，轧线也是由多层灰壳套成，所以夹在地仗灰中进行，一般在压麻灰、中灰、细灰工艺中有轧线工序。轧线随着所在灰层从较粗的灰料逐渐变成较细的灰料，所用轧子口径也相应不断扩大，线型不断突出、醒目准确。

传统轧线工艺由3人流水作业，即一人先抹灰料，堆成灰埂，随后一人用轧子理顺灰埂，并漏出所需线型，最后一人用铁板修理，将不易处理的地方找好，虚边、野灰收刮干净。为了使轧出的线条直顺，在轧线部位的一侧使用较为合适的尺板，轧子紧跟尺板轧线。

目前，除用地仗轧线外，还可用彩画图案起凸的方法（沥粉）进行，但只能用于隔扇的“两炷香”部位，而且需在最后一层灰上进行。沥粉代替轧线，线型不如轧线准确、明显，干后容易坍落，也不易修磨。框线、梅花线等线型不能用沥粉代替。在轧线之前仍然要先磨前道灰层，而且应更准确细致。轧线因体量大小不同，程序也有所不同。大面轧线需尽早进行，使以后的灰层厚度更为均匀准确，薄而坚固；细小的轧线可在较后面的灰层上进行，如隔扇的“两炷香”，可由中灰开始。以混线为例，轧线的工艺流程见图3.2。

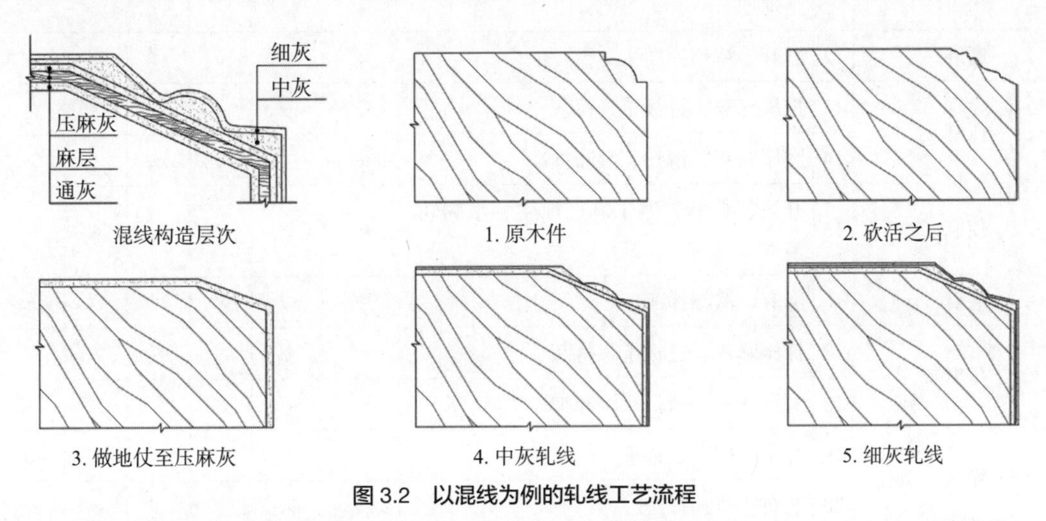

图3.2 以混线为例的轧线工艺流程

3.3.3 常见麻布地仗施工工序

常见麻布地仗施工工序表见表3.2。

表3.2 常见麻布地仗施工工序

阶段名称	主要工序（名称）	顺序号	工艺流程	两麻一布七灰	两麻六灰	一麻五灰	一麻一布六灰	一布五灰	一布四灰
木构件表面处理	斩砍见木	1	新木材剁斧迹、砍线口；旧木材斩砍见木，砍修线口	√	√	√	√	√	√
	撕缝	2	撕缝	√	√	√	√	√	√
	下竹钉	3	下竹钉、楦缝	√	√	√	√	√	√
	汁浆	4	成品保护（糊纸、刷泥）	√	√	√	√	√	√
		5	清扫、汁浆	√	√	√	√	√	√

续表

阶段名称	主要工序（名称）	顺序号	工艺流程	两麻一布七灰	两麻六灰	一麻五灰	一麻一布六灰	一布五灰	一布四灰
捉缝灰		6	捉缝灰、垫、找、补、衬，捉轧灰线口	√	√	√	√	√	√
		7	垫找	√	√	√	√	√	√
		8	磨粗灰、清扫、湿布掸净	√	√	√	√	√	√
扫荡灰		9	抹通灰、过板子、拣灰	√	√	√	√	√	√
		10	磨粗灰、清扫、湿布掸净	√	√	√	√	√	√
使麻		11	开浆、粘麻、砸干轧、潲生、水翻轧、整理	√	√	√	√	×	×
磨麻		12	磨麻、清扫掸净	√	√	√	√	×	×
压麻灰		13	抹压麻灰、过板子、拣灰	√	√	√	√	×	×
		14	磨压麻灰、清扫、湿布掸净	√	√	√	√	×	×
使麻		15	开浆、粘麻、砸干轧、潲生、水翻轧、整理	√	√	×	×	×	×
磨麻		16	磨麻、清扫掸净	√	√	×	×	×	×
压麻灰		17	抹压麻灰、过板子、拣灰	√	√	×	×	×	×
		18	磨压麻灰、清扫、湿布掸净	√	√	×	×	×	×
糊布		19	开浆、糊布、整理	√	×	×	√	√	√
		20	磨布、清扫掸净	√	×	×	√	√	√
压布灰		21	抹压布灰、过板子、拣灰	√	×	×	√	√	×
		22	磨压布灰、清扫、湿布掸净	√	×	×	√	√	×
中灰		23	抹鱼籽中灰、轧线、拣灰	√	√	√	√	√	√
		24	磨线路、湿布擦净、填刮压布灰或压麻灰	√	√	√	√	√	√
		25	磨槛框填刮的灰、湿布掸净、刮中灰	√	√	√	√	√	√
		26	磨中灰、清扫、支水浆	√	√	√	√	√	√
细灰		27	找细灰、轧细灰线、溜细灰、填刮细灰	√	√	√	√	√	√
磨细钻生	磨细灰	28	磨细灰、磨线路	√	√	√	√	√	√
	钻生油	29	钻生铜油、擦浮油	√	√	√	√	√	√
		30	修线角、找补钻生桐油	√	√	√	√	√	×
		31	闷水起纸、清理	√	√	√	√	√	√

任务 3.4 南方常见地仗做法——三道灰

学习目标

知识目标

1. 熟悉三道灰地仗的工艺流程；
2. 掌握三道灰地仗工艺中各工序的工具、材料、具体做法和工艺要求。

能力目标

能进行三道灰地仗的施工操作。

素养目标

1. 保护传承传统营造技艺；
2. 培养精益求精的工匠精神。

学习内容与工作任务描述

学习内容

1. 三道灰地仗的工艺流程；
2. 三道灰地仗工艺中各工序的工具、材料、具体做法和工艺要求。

工作任务描述

1. 完成工作引导问题；
2. 完成捉缝灰、中灰、细灰、磨细钻生工艺。

任务分组

班　级		专　业		
组　别		指导老师		
小组成员	组　长	组员 1	组员 2	组员 3
姓　名				
学　号				
任务分工				

工作引导问题

（1）南方常见地仗做法是三道灰，是单披灰的一种做法，不使麻使布，操作顺序是（　　　　　　）。

（2）三道灰地仗中，一共使用了 3 种灰层，分别是（　　）、（　　）、（　　）。

（3）南方古建筑彩画木构件表面处理常见的除了三道灰地仗，还有更为简约的做法，具体是（　　　　　　）。

（4）在打底子之前，对木材进行捉补与打磨。捉补，是将木材表面的灰尘、污垢、树脂等清除干净，将木材的裂痕节疤挖去，用（　　）加白土做腻子进行找平。

（5）一般打底子需进行（　　）次以上，要求每次必须打磨至平整光滑，最后一遍更需磨得极为平整，便于上颜料层。

任务 3.4 答案

工作任务

任务 1：木构件表面处理

工艺：挠→砍→撕缝→下竹钉→楦缝→汁浆。

注： 工具、材料、具体做法与工艺要求见项目 3 任务 3.2。

任务 2：捉缝灰

工具：桶、灰耙、扫帚、铁板、灰碗。

材料：大籽、中籽、小籽、血料、油满。

灰浆配制：

（1）配比。

灰料：大籽∶中籽∶小籽 =2∶3∶1。

油浆：血料∶油满 =1∶2。

捉缝灰：灰料∶油浆 =1∶1。

（2）调配。将血料去掉表层的硬皮，放置在桶内用灰耙搅碎，加入油满调匀，再加入灰料，握紧灰耙，上部略向外倾，由桶边插入抄底，搅拌均匀。

具体做法：

（1）清扫现场，把构件上下、建筑内外用扫帚扫净。

（2）1人独立操作，“横挤顺刮”，即两手各执铁板和灰碗，用铁板向缝内横向挤灰，挤满后再用铁板尖斜插入缝，反复刮找，捉实捉满，顺木缝刮净余灰。

（3）捉缝的同时裹柱头、柱根、梁头，找圆找方，秧角找直顺。

（4）构件的低洼不平与缺棱短角处用铁板皮子补平、补直、补齐，均不得超出木构件表面高度。柱头、柱根、秧角处要找直借圆，自然风干。

工艺要求：

（1）捉缝灰的配制要在使用以前4h调好，使灰籽被油浆浸透，便于使用。

（2）灰的厚度为2～3mm。

（3）材料品种、质量须合格，选用材料得当。

（4）表面平整，无野灰、蒙头灰，缝内灰实饱满，粘结牢固。

（5）木构件表面有铁箍等加固铁件时，应把锈蚀物清除干净，涂刷防锈漆，并应按金属表面处理工艺配套使用。漆膜应饱满，不得遗漏。

任务3：中灰

工具：桶、灰耙、扫帚、磨头（金刚石）、湿布、铁板、灰碗、板子、皮子、轧子。

材料：鱼籽、中灰、血料、油满。

灰浆配制：

（1）配比。

灰料：鱼籽：中灰=2：8。

油浆：血料：油满=1：1.2。

中灰：灰料：油浆=1：1。

（2）调配。将血料去掉表层的硬皮，放置在桶内用灰耙搅碎，加入油满调匀，再加入灰料，握紧灰耙，上部略向外倾，由桶边插入抄底，搅拌均匀。

具体做法：

（1）磨压麻灰、清理：用磨头（金刚石）打磨压麻灰，先秧角后大面，把压麻灰轻轻地满磨一遍，去其浮籽和余灰。磨头进不去的地方由铁板铲刮，之后清扫干净并过水布（湿布）。

（2）抹灰。手持桶、皮子，由左至右、由上至下将灰抹在压麻灰上，反复造实再附灰。

（3）过板。先用板子往返试过，调整灰的余缺，最后根据所需灰的厚度，调整板口角度，横推竖裹一气呵成。板口到秧角处稍作停留，上下（左右）错动几下再推出或拉出，使秧角更加直顺。个别部位板子不易过到，可用铁板代过。

（4）捡灰。用铁板捡板子接头余灰，不平处补灰找平。

（5）轧线。线口处待灰略干后进行轧线，线条的宽度略比细灰线小。

工艺要求：

（1）用材料质量合格，灰厚为1～2mm，灰宜薄不宜厚。

（2）与压麻灰之间粘接牢固。

（3）表面平整，板口接茬与上道灰错开并无接头感，无野灰。

（4）阴阳角整齐，各种线条直顺。

任务4：细灰

工具：桶、灰耙、瓦片、湿布、铁板、板子、水、刷子、轧子、皮子。

材料：血料、清水、光油、细灰。

灰浆配制：

（1）配比。血料∶清水∶光油∶细灰=1∶适量∶0.03∶3.9

（2）调配。将血料去掉表层的硬皮，放置在桶内用灰耙搅碎，加清水搅匀后入光油调匀，再加细灰调制。特殊部位细灰过80目筛，调配好后盖湿布备用。

具体做法：

（1）磨中灰、清理：用较合适的瓦片磨出直口，将中灰满磨一遍，阴角磨头进不去的地方用铁板铲刮，去其浮粒，湿布掸干净。

（2）汁浆。用刷子蘸清水涂刷中灰，水不宜多。

（3）找细灰。手端灰碗，用合适的铁板从碗口边正反刮取细灰。正刮反抹，反刮正抹置边角、秧角、棱线、梁头、椽头等处，将灰粘牢贴实，顺其边缘铲净余灰。

（4）轧线。3人操作，抹灰、轧线、捡灰各1人。先左后右、先上后下地进行。框线从左下开始，至右下交圈操作。

抹灰者用小皮子把灰抹在线口上，先造实后附灰。

轧线者用轧子将灰调理均匀，先试轧后，再把轧子刷洗干净。双手持轧子的两侧均匀用力，推拉均匀一气呵成。

捡灰者紧跟其后，迅速找补余缺，捡净余灰，将线角调理直顺。

（5）溜细灰。在找过的细灰空隙内添灰，2～3人组档均可，视工作量和木件大小而定。2人组档，1人用皮子在前面抹灰，造实后附灰；1人在后用铁板过灰并捡灰。3人组档，抹灰、过板、捡灰各1人。一般用铁板过灰，面积较大时用板子过灰。

工艺要求：

（1）所用材料质量合格，灰厚为2～3mm，灰宜稠不宜稀。

（2）与中灰之间粘结牢固。

（3）表面平整无空鼓，无缺棱掉角现象，无野灰。

（4）阴阳角直顺，线条圆润，曲线对称一致。

任务5：磨细钻生

工具：瓦片、铁板、铲刀、砂纸、丝头或油刷。

材料：生桐油。

具体做法：

（1）清理。用铁板、铲刀清理柱根、秧角，去其浮灰、落地灰并打扫干净。

（2）磨细灰。选择大小不一、较为细腻的干瓦片制成平口，磨圆木件时制作弧形磨具。先磨秧角，后磨大面，最后磨线口。开始粗磨，然后细磨。磨头的平面置细灰上，上下、左右往返连磨带蹭，磨距要短，轻轻磨去硬皮后磨距再适当加长。高低不平会有手感，低处发滑，高处发涩，从磨过的痕迹也能看出平整度。高处局部重点揉磨，用尺板横竖搭尺检查。就低磨高借平。磨圆木件时横磨竖顺。全部磨完后用200号砂纸细磨一遍。

（3）钻生。就是在磨好的细灰上搓生桐油，先上后下，先秧角后大面，丝头在掌心中轻轻滚动，搓匀，搓至灰皮不喝油为止。用油刷刷生油也可以。

（4）1～2h后擦净浮油，待生油干燥后再进行下道工序。

工艺要求：

（1）选用磨头合理。

（2）开始磨距要短，细磨磨距要长，不能磨穿。

（3）钻生时间间隔要短，生油钻透无挂甲。

（4）秧角整齐，柱圆棱直，表面平整无“鸡爪”（龟裂）。

微课：三道灰地仗

任务知识点

3.4.1 三道灰

南方常见地仗做法是三道灰，是单披灰的一种做法，不使麻使布，操作顺序是：木构件表面处理→捉缝灰→通灰→中灰→细灰→磨细钻生。

3.4.2 常见单披灰地仗施工工序

常见单披灰地仗施工工序见表3.3。

表3.3 常见单披灰地仗施工工序

阶段名称	主要工序（名称）	顺序号	工艺流程	四道灰	三道灰	二道灰	靠骨灰
木构件表面处理	斩砍见木	1	新木材剁斧迹、砍线口；旧木材斩砍见木，砍修线口	√	√	√	√
	撕缝	2	撕缝	√	√	√	√
	下竹钉	3	下竹钉、楦缝	√	√	√	√
	汁浆	4	成品保护（糊纸、刷泥）	√	√	√	√
		5	清扫、汁浆	√	√	√	√
捉缝灰		6	捉缝灰、垫、找、补、衬	√	√	×	×
		7	磨粗灰、清扫、湿布掸净	√	√	×	×
通灰		8	抹通灰、过板子、拣灰	√	×	×	×
		9	磨粗灰、清扫、湿布掸净	√	×	×	×
中灰		10	刮中灰	√	√	√	×
		11	磨中灰、清扫、湿布掸净	√	√	√	×
细灰		12	找细灰、溜细灰、填刮细灰	√	√	√	√
磨细钻生	磨细灰	13	穿磨细灰	√	√	√	√
	钻生油	14	钻生桐油、擦浮油	√	√	√	√
		15	闷水起纸、清理	√	√	√	√

3.4.3 打底子

南方古建筑彩画木构件表面处理常见的除了三道灰地仗，还有更为简约的做法，叫“打底子”。南方的大部分地区，古建筑木构件规格较小，表面光滑，且气候常年较为温和湿润，木材的干潮缩胀影响不大，清末之前，彩画工艺中也多见在木材基层上做较薄的底子（衬地），而非多层灰层的地仗。

在打底子之前，对木材进行捉补与打磨。捉补，是将木材表面的灰尘、污垢、树脂等清除干净，将木材的裂痕节疤挖去，用桐油加白土做腻子进行找平。打磨，是将木材表面打磨光滑，传统打磨工具为小石头磨子、瓦片等，现在均以水布打磨取代。

一般打底子需进行3次以上，要求每次必须打磨至平整光滑，最后一遍更需磨得极为平整，便于上颜料层。打底子常见的做法有4种，具体做法见表3.4。

表 3.4 打底子做法

序号	名称	做 法 介 绍	衬地颜色
1	刷胶粉	早期胶粉有可能由铅白粉与骨胶调和而成，晚期胶粉由老粉与骨胶调和，为使衬地更加牢固，可加少许光油。刷胶粉之后用水布打磨	白色
2	灰油做法	光油用稀释水（松香水）溶化，将铅白搅拌均匀，同时需加入少量水调制	白色
3	大漆做法	用大漆调和小粉（菱粉或藕粉），再加入瓦灰调匀后打底，干燥后磨至光滑平整。配比为：生漆 500g、小粉 150～200g、瓦灰 750g	白色
4	刷黄胶粉	用雄黄加铅白、加刷彩画骨胶部位，使得衬地的色泽偏黄，定下了整幅彩画偏暖色的基调	黄色

任务 3.5 基层处理质量验收

学习目标

知识目标

1. 了解基层处理验收准备的各项要求；
2. 熟悉基层处理质量验收的各项内容与标准。

能力目标

能够按照质量验收标准分别对一麻五灰地仗和三道灰地仗进行验收打分。

素养目标

1. 科学严谨分析，树立高标准的质量控制意识；
2. 培养精益求精的工匠精神。

学习内容与工作任务描述

学习内容

1. 基层处理验收准备的内容；
2. 基层处理质量验收的各项内容与标准。

工作任务描述

1. 做好验收准备要求的各项内容；

2. 按照验收标准完成一麻五灰的质量验收；

3. 按照验收标准完成三道灰的质量验收。

任务分组

班　　级		专　　业		
组　　别		指导老师		
小组成员	组　　长	组员 1	组员 2	组员 3
姓　　名				
学　　号				
任务分工				

工作任务

任务 1：验收准备

（1）主要设备、组件、材料符合市场准入制度的有效证明文件、出厂质量合格证明文件及现场检查报告。

（2）各阶段验收记录（木构件表面处理、捉缝灰、扫荡灰、使麻、磨麻、压麻灰、中灰、细灰、磨细钻生等工艺的验收单）。

（3）施工记录（施工过程中各个工序的做法资料，包括文字和视频记录）。

任务 2：基层处理质量验收

一麻五灰地仗验收见表 3.5，三道灰地仗验收见表 3.6。

表 3.5　一麻五灰地仗验收表

序号	项目	质量要求	满分分值	学生评价（30%）	企业导师评价（30%）	校内教师评价（40%）
1	平整光滑	大面光滑平整，小面基本平整，侵口（混线角度）的正视面宽度不得小于线面宽度的 87%，不大于线面宽度的 94%	20			
2	直顺宽窄	棱角、线口、秧角直顺、清晰、整齐、宽窄一致	20			
3	方正圆度	棱角、线角、口角交接处平直方正；线角处无倾斜缺陷；圆度规矩自然、无缺陷	20			

续表

序号	项目	质量要求	满分分值	学生评价（30%）	企业导师评价（30%）	校内教师评价（40%）
4	各种轧线	线口三停三平，线肚、线面饱满光滑，凸面一致，无断条，肩角端正，秧角整齐、弧度对称；花纹阴阳分明、美观、线肚高无明显偏差	10			
5	颜色砂眼划痕窝灰	大小面颜色一致，无砂眼、无划痕、无疙瘩灰、无窝灰	10			
6	龟裂接头大小	主要面无龟裂、无细灰接头，一般面无龟裂，无明显接头、大小无明显偏差	10			
7	洁净度	与相邻的部位洁净无灰、无油痕	10			
合计			100			

表3.6 三道灰地仗验收表

序号	项目	质量要求	满分分值	学生评价（30%）	企业导师评价（30%）	校内教师评价（40%）
1	平整光滑	大小面基本光滑平整，侵口（混线角度）的正视面宽度不小于线面宽度的87%，不大于线面宽度的94%	20			
2	直顺宽窄	棱角、线口、秧角平直整齐；宽窄无明显偏差	20			
3	方正圆度	棱角、线角、口角交接处平直方正，线角处无倾斜缺陷；圆度适宜、自然，无明显缺陷	20			
4	各种轧线	线口三停三平无明显偏差，线肚凸凹一致，肩角、秧角弧度花纹无明显缺陷，无断条，线肚高基本一致	10			
5	颜色砂眼划痕窝灰	大面颜色一致，小面颜色均匀、无砂眼、无划痕、无疙瘩灰、无窝灰	10			
6	龟裂接头大小	主要面无龟裂、无接头，一般面无龟裂，无明显接头，大小无明显偏差	10			
7	洁净度	与相邻的部位洁净无灰、无油痕	10			
合计			100			

项目 3　工作小结

（工作难点、重点、反思）

项目 4　谱子制作

彩画是按照事前确定的非常明确的稿子进行的，这个画在纸上的稿子称为谱子。由于建筑物的式样、结构以及所需的彩画的种类、等级不同，各种建筑物进行彩画前均需起谱子。

在彩画中起谱子兼有设计与放样两项内容，在实际工作中往往有以下不同情况：第一，建筑物需做什么彩画，它的内容、格式、等级已基本由设计方案确定，起谱子即施工中的一个步骤，在纸上放样，使设计方案具体化、形象化，这里起谱子以放样为主，在放样过程中兼有一定的设计规划内容；第二，在没有设计方案的前提下起谱子，同时建筑物也无彩画遗迹参考，这时的起谱子以设计为主；第三，事前虽没有设计方案，但建筑物保留有原彩画遗迹，例如，遇到需保留恢复原样的文物建筑，这时的起谱子则需另增加某些程序，以保证复原的准确性。总之不论在什么情况下均需按彩画工艺的要求，事先起谱子，再在构件上进行彩画绘制工作。

本项目以第二种情况为例，介绍起谱子的一般程序和应掌握的主要内容，以此为基础，便可以适应第一种与第三种情况的需要。关于建筑物需用什么彩画，起什么样的谱子，应按有关彩画规则进行。

任务 4.1　丈量

学习目标

知识目标

1. 了解椽头彩画的丈量方法；
2. 掌握大木彩画丈量的部位、尺寸和方法。

能力目标

能对选定的彩画构件，按照标准方法丈量尺寸。

素养目标

1. 培养吃苦耐劳的工匠精神；
2. 传承中国传统工艺，培养职业自豪感。

学习内容与工作任务描述

学习内容

1. 椽头彩画的丈量方法；

2. 大木彩画丈量的部位、尺寸和方法。

工作任务描述

1. 完成工作引导问题；

2. 能对选定的彩画构件，按照标准方法丈量尺寸；

3. 总结丈量不同彩画构件的方法。

任务分组

班　级		专　业		
组　别		指导老师		
小组成员	组　长	组员 1	组员 2	组员 3
姓　名				
学　号				
任务分工				

工作引导问题

（1）起谱子采用（　　）纸。

（2）丈量檐檩长与宽两个尺寸时，配纸起谱子的尺寸为长的（　　）。

（3）丈量枋子时以开间两内侧（　　）之间的距离为长。

（4）彩画时将柱子上部某一段落进行装饰，被装饰的部位称（　　）。

（5）丈量指定枋（合楞）构件时，采用（　　）测量方法。

任务 4.1 答案

工作任务

任务 1：丈量指定斜向椽头

工具：尺、笔。

材料：牛皮纸。

具体做法：

（1）取一张大的牛皮纸，将纸按在椽头上，摩擦边楞，留下翘飞轮廓。

（2）隔一个拓一个，其余翘借用。

（3）丈量尺寸并记录。

操作要求：

（1）按压力度适宜，拓印轮廓清晰。

（2）在纸上各斜椽头四周应有一定宽度，约 2cm 即可，以备裁截、拿取方便。

（3）不使用墨粉或颜料。

任务 2：丈量指定枋构件

工具：尺、笔。

材料：纸。

具体做法：

量取长、高和底面宽 3 个尺寸。

（1）以开间两内侧柱秧之间的距离为长，量取枋构件长度及“坡楞”的尺寸。

（2）量取枋构件立面高度，立面高按上下滚楞中点间距离计算。

（3）量取枋底面合楞尺寸，在丈量时与立面尺寸同时记录。

操作要求：

（1）必须采用直角检测方法。

（2）丈量时要将古建筑构件表面除尘处理。

（3）丈量数据要保证数据的真实性和准确性，记录格式要规范。

任务 3：丈量指定天花构件

工具：尺、笔。

材料：纸。

具体做法：

量天花板与支条两部分尺寸。

（1）天花板尺寸丈量：死天花量其本身长与宽。活天花需取下来，先丈量天花板本身的长与宽，再丈量被支条遮住的尺寸，即井口的长与宽。

（2）支条尺寸丈量：只量宽度，宽应减去井口四周的装饰线，只按底部所剩的平面宽计量。

操作要求：

（1）死天花在原位测量，活天花拆下来后测量。

（2）丈量数据要保证数据的真实性和准确性，记录格式要规范。

成果展示：展示丈量数据。

成果评价：

评价项目	评价标准	参考分值	得分
椽头尺寸准确度	无遗漏，误差 3mm 以内	20	
枋（合楞）尺寸准确度	无遗漏，误差 3mm 以内	20	
天花尺寸准确度	无遗漏，误差 3mm 以内	20	
操作步骤规范性	丈量步骤严谨规范	20	
团队精神	分工合理、配合密切	20	
总　分		100	

任务知识点

起谱子之前，必须得到构件的准确尺寸，需要对建筑物构件逐项进行测量。所量部位包括一切可以进行起谱子的部位，如露明的内外檐各层檩、板、柱头、梁头、椽头等，对有些不便或不需使用谱子的部位，如角梁、道僧帽（挑尖梁头）、霸王拳、角梁云、带有雕刻的花板、雀替等部分则不起谱子。丈量时要对测量的构件进行列表并逐一记录。

4.1.1　椽头彩画的丈量

1. 正身椽头

对正身椽头和老檐方形椽头可直接用尺测量，量其高与宽两个尺寸。在一个建筑物的椽头中，取其一般的、较大和较小的 3 种为准并记录。如果为圆椽头则按横向或斜向记取直径尺寸，取其较平均的两个尺寸记录。

2. 斜向椽头

对翘飞部分的斜椽头，则以牛皮纸将其轮廓实拓下来，最好能按翘数全拓，翘数太多，可隔一拓一。各斜椽头可拓在一张较大的牛皮纸上，也可将牛皮纸裁分若干块，分别拓。在纸上各斜椽头四周应有一定宽度。拓时不用颜料，用手将其楞角处按压出清楚的痕迹。

4.1.2　大木彩画的丈量

1. 檐部的檩、垫板、枋

1）檐檩

量长与宽两个尺寸，其中长的 1/2 尺寸为配纸起谱子尺寸。长按每间计算，按照露明的长度量取。每间檩的长度以两个梁头侧面之间的距离为准，梁头上部不计。

2）垫板

量长与高两个尺寸，长按开间两个梁头或柱秧内侧间距离计算。高即露明高度，由于垫板在下枋之上，下枋的厚度不同，所以垫板退入的深度也不同，记录时应将退入下枋的长度同时记下，以备起谱子时参考。

3）枋

量长、高和底面宽3个尺寸。

以开间两内侧柱秧之间的距离为长，同时还要另记取“坡楞”的尺寸（两侧的肩膀形圆楞），由柱秧开始，一直到弧线与迎面相切之处，量弧面的宽。

立面高按上下滚楞中点间距离计算。

底面视不同情况分别量“合楞”与“底面”。彩画中的合楞指带有装修的枋底面，它将枋遮挡一部分，同时露出两个窄的面，设计图案时常与立面同时考虑，在丈量时与立面尺寸同时记录，如某枋立面高为60cm，合楞为10cm，应记录为：60＋10。

底面指可以通量的，无装修遮挡的大面枋底，量其深度尺寸（即厚度）。

2. 柱头

彩画时将柱子上部某一段落进行装饰，被装饰的部位称柱头。

大式建筑的大小额枋及额垫板同附于一根柱子，柱头高以下面的小额枋下皮相齐平的位置开始计算，直至柱顶端部，即等于大额枋高＋垫板高＋小额枋高。

小式建筑中柱头以枋下皮为界计算，即柱头高等于枋高。

3. 抱头梁与穿插枋

量立面高、宽（长）和底面进深（厚）3个尺寸。丈量时底面尺寸尤为重要，底面的长，常被柱子“吃”进一部分，而立面由于有坡楞尺寸比底面长出很多，而彩画时则应同时保证立面图样的完整性。

4. 梁头

按所确定的彩画种类和内容而确定是否丈量梁头，如画攒退活等图案重复运用，则应丈量、起谱子。旋子彩画梁头一般画旋花，也应丈量，丈量包括正面的高、宽与侧面的高、长，底面如做旋子图案可不丈量，借用正面的一部分图案使用。

5. 挑檐枋

依绘制彩画的类别决定是否需丈量挑檐枋。一般画旋子彩画（指檩、大小额枋等构件上），挑檐枋多顺向配加晕色线条，所以不需丈量、起谱子。和玺彩画多画流云和工王云，这两种图案用在挑檐枋上多灵活自如，可只量高，不必量长。

6. 平板枋

量高和长两个尺寸，其中长又包括通长和单位距离，取长度时也要多量几个斗拱档，计算平均值，也可分别记录几个不同长度攒档的尺寸，因为斗拱在排列时距离往往略有出入。

7. 灶火门（垫拱板）

灶火门因形状复杂，故取其尺寸用实拓办法，拓法同拓翘飞檐头，而且取样时要多取几张，如正中攒档的灶火门，靠近柱头的、角科的，分别拓外轮廓，以待整理。

8. 挑尖梁头与霸王拳

大多数建筑在这两个部位均不放置任何复杂的图案，只按其外轮廓退晕而成，如需配画图案（和玺彩画多有之），也按拓灶火门、椽头方法拓样，尤其霸王拳，正面弯折很多，拓样时要平铺按实，逐渐取其全部轮廓式样。

9. 天花

天花需量天花板与支条两部分尺寸，天花板又分死天花与活天花。死天花可以在上面彩画或将画在纸上的天花图样糊上，只需丈量天花本身的长与宽；活天花可拆卸下来，丈量天花本身的长与宽，以及被支条遮住的尺寸——井口的长与宽。

支条只量宽度，宽应减去井口四周的装饰线，只按底部所剩的平面宽计量。

微课：谱子制作

任务 4.2 配纸

学习目标

知识目标

1. 掌握殿式彩画配纸的方法；
2. 掌握苏式彩画配纸的方法。

能力目标

能对选定的彩画构件，按照标准方法配纸。

素养目标

1. 培养高标准的质量控制意识；
2. 培养严谨务实的工匠精神。

学习内容与工作任务描述

学习内容

1. 殿式彩画的配纸方法；

2. 苏式彩画的配纸方法。

工作任务描述

1. 能对选定的彩画构件，按照标准方法丈量配纸尺寸；

2. 总结不同彩画构件的配纸方法。

任务分组

班　级		专　业		
组　别		指导老师		
小组成员	组　长	组员 1	组员 2	组员 3
姓　名				
学　号				
任务分工				

工作引导问题

（1）按照所丈量的尺寸，运用拉力较强的牛皮纸，把纸裁成适当的大小，或粘接成彩画配纸是起谱子的（　　）程序。

（2）苏式彩画按彩画的各个部位分别配纸，一般配（　　）、（　　）、（　　）几部分。

（3）无合楞的独立的底面，配纸按底面宽单配，长占全枋底长的（　　）。

（4）起谱子的配纸要求是（　　　　　　　　）。

任务 4.2 答案

工作任务

任务：天花彩画配纸

工具：尺、笔。

材料：牛皮纸。

具体做法：

（1）根据天花板的长与宽确定配纸的尺寸。

（2）根据支条的尺寸，确定配纸的尺寸。

（3）根据高度和宽度裁剪牛皮纸，两边余 1～2cm。

操作要求：

（1）尺寸适当，粘贴牢固，纸面平整。

（2）写明运用部位和构件尺寸。

任务知识点

配纸是起谱子中的一项程序，即按照所丈量的尺寸，把拉力较强的牛皮纸裁成适当的大小，或粘接成彩画配纸。根据彩画的种类，采用不同的配纸方式。配纸要求粘贴牢固、平整，位置、尺寸适度，各种纸在配完之后还要写明运用部位和构件尺寸，即谱子用于何地、何建筑、何间、何层、何构件，均应一一标写清楚，几个构件运用同一图案或同一谱子时，应注明借用部位和借用构件，标注部位也可在图案画完后进行。

4.2.1 殿式彩画配纸

一般殿式彩画（如和玺和旋子）要按半间配，即按构件的 1/2 长度配纸。配纸前事先将各类大木需起谱子的总长计算出来，然后按各自构件宽（高）裁成不同宽度的条幅，分别用糨糊将其粘接，再按开间宽的 1/2 截成段。如构件有合楞，则合楞部分的尺寸要与立面加在一起，配在一张纸上，如立面高为 60cm，合楞为 10cm，配纸的宽度应为 70cm。长仍按半间计算，配好后常规还要将合楞部分折过去，与立面纸重叠以备放样。无合楞的独立的底面，配纸按底面宽单配，长也占全枋底长的 1/2。配柱头纸时对于梁头伸出部分也一并考虑在内，并不挖掉，在使用时再临时挖洞。

4.2.2 苏式彩画配纸

苏式彩画按彩画的各个部位分别配纸，一般配箍头、卡子、包袱几部分。箍头的纸宽包括箍头心、连珠部分与副箍头，长按檩、垫、枋高之和计算。卡子纸宽按卡子花两边略留有余量（一般各加 2～3cm），高按构件本身高。包袱配纸一般配整个包袱，高等于檩、垫、枋及上合楞进深之和，如有下合楞需再加下合楞的尺寸，宽按包袱宽即可，两边略余1~2cm，包袱配纸要在确定包袱体量大小后（主要指宽）才能确定。

任务 4.3　起谱子

学习目标

知识目标

了解殿式彩画、苏式彩画、天花彩画的谱子特点与规则。

能力目标

能根据指定图案，起天花彩画谱子。

素养目标

1. 欣赏古建筑彩画之美；
2. 培养精益求精的工匠精神。

学习内容与工作任务描述

学习内容

殿式彩画、苏式彩画、天花彩画的谱子特点与规则。

工作任务描述

1. 完成工作引导问题；
2. 能根据指定图案，起天花彩画谱子；
3. 总结不同彩画起谱子的要点及区别。

任务分组

班　级		专　业		
组　别		指导老师		
小组成员	组　长	组员 1	组员 2	组员 3
姓　名				
学　号				
任务分工				

工作引导问题

（1）苏式彩画的图样由（　　）和（　　）两部分组成，前者规整，重复运用。

（2）清式彩画构图处理各部位关系的基本依据是（　　　　　　　），之后便可根据彩画的规制起绘各种不同类型的谱子。

（3）和玺与旋子彩画谱子均以构件（　　）为单位。

（4）燕尾配纸宽应为燕尾本身宽的（　　）倍。

（5）起谱子是在对应的配纸上，绘制（　　）线描图。

任务 4.3 答案

工作任务

任务：起天花板彩画谱子

工具：尺、铅笔或炭条、粉笔。

材料：牛皮纸。

具体做法：

（1）在项目 4 任务 4.2 中工作任务配好的天花板纸上起谱子（见图 4.1）。

（2）确定圆光大小，使四周岔角体量适当。

（3）画一个岔角，再由一翻四，使四周岔角尺寸适当。

（4）最后绘制圆光内的内容。

操作要求：

（1）注意大边的宽度，应考虑天花板在装上之后，四边被支条遮掩住一部分。

（2）使用尺规作图，谱子线条清晰准确，图案符合形制。

任务知识点

起谱子是在对应的配纸上，绘制标准样式线描图。彩画绘制过程是以谱子为蓝本，其正确与否直接决定该建筑物总体质量的优劣，是古建施工中关键环节之一。谱子的纹饰、形象、尺度、风格，根据不同建筑物的等级和彩画部位有所不同。

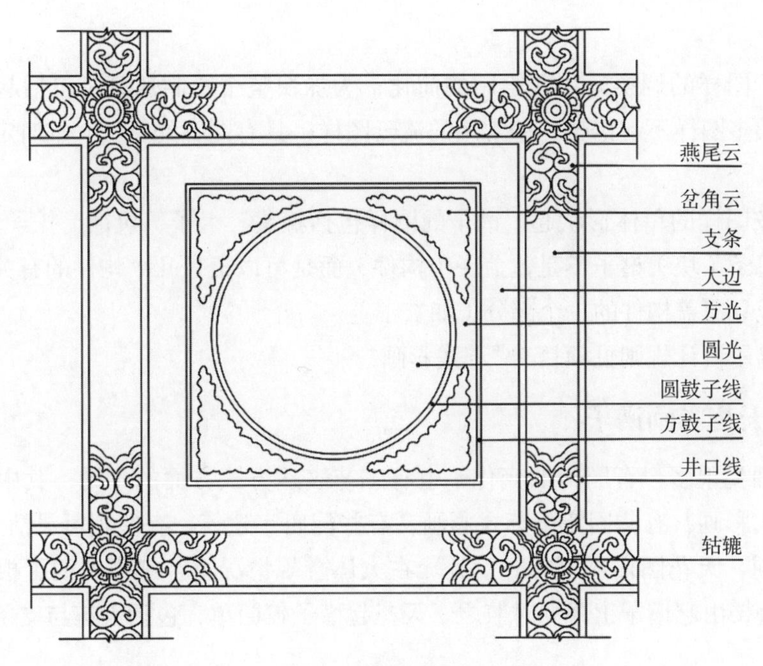

图 4.1　天花彩画谱子

4.3.1　殿式彩画谱子

殿式彩画不论和玺还是旋子，均应首先将纸上下对叠起来，如果事先已叠有合楞，这次包括合楞再叠一次，这时谱子面积为构件的 1/4，上下对叠之后，在纸的一端再留出副箍头的宽度，画一条竖线或叠出一条印迹，副箍头宽等于坡楞宽（丈量时已测得尺寸）加上晕色宽，晕色宽一般为 3～5cm，依构件大小不同。副箍头确定后由竖线向里将纸均分 3 份，彩画为分三停，可画线也可叠出印迹，三停线是清式彩画构图处理各部位关系的基本依据，之后便可根据彩画的规制起绘各种不同类型的谱子。

具体的谱子设计制作规则见项目 7“和玺彩画”和项目 8“旋子彩画”。

4.3.2　苏式彩画谱子

苏式彩画起谱子与殿式彩画有很大的区别，在配纸时已经按其特点加以注意，即和玺彩画与旋子彩画谱子均以构件半间为单位，按半间起谱子，半间构件上的图案均尽量详细地表达在谱子之上，施工时主要按线添色，进行不同层次的退晕以及沥粉贴金，除个别部位个别情况外，不需再在构件上进行构思和创作。而苏式彩画的图样具有以下几方面的特征，所以起谱子的方式与和玺彩画和旋子彩画不同。

（1）图样由图案和绘画两部分组成，图案规整，重复运用。而绘画部分包括包袱中的各种名目的画和找头、聚锦、池子、博古等，多按作者的意图而定，这些地方不能起谱子。

（2）苏式彩画的某些非绘画的图样变化很大，这也是进行苏画创作的一个规则，如聚锦轮廓及找头，虽不是绘画，但要求每个样式不同，尽量不重复，因此不需起谱子。

（3）由于图样的调换运用和绘制的简化，为加快整个绘制速度（包括起谱子程序），权衡之后，很多图样不起谱子，如常用的流云图样，具有图案的特征，临时定稿比事先起谱子要省时。

起谱子按图样的单体形状起，谱子的图样包括箍头、卡子、包袱、托子轮廓、锦格、攒退活等。每条（块）谱子不是覆盖一个构件，而是可以覆盖几个构件的有关部位（如箍头、包袱）或只覆盖构件的一个部分（如卡子）。

具体的谱子设计规则见项目 9“苏式彩画”。

4.3.3 天花彩画谱子

天花的种类很多，有图样的变化，也有工艺表达方式方面的不同，其中有些图样固定配某些殿式彩画，有些固定配苏式彩画，有些配庙宇建筑，有些则可灵活运用。另外，根据用场不同，天花图样还可临时设计。在大体合规情况下，细部图案可根据需要而设计。设计可直接由起谱子工序同时兼之。天花起谱子较简单，包括天花与支条两部分，分别起谱子。

目前，常用的各种天花，如龙、凤、草、云、牡丹花等，只要是一个图样在天花板之中反复运用均需起谱子，包括圆光内的内容。有些天花圆光内的纹样各不相同，这时圆光内部不起谱子，但大边要起谱子。起谱子时先确定大边，之后再确定圆光大小，使四周岔角体量适当，之后画一个岔角，再由一翻四，最后添圆光内部的内容。起天花时注意大边的宽度，应考虑天花板在装上之后，四边被支条遮掩住一部分。起燕尾谱子又分单尾与双尾，分别画，双尾包括轱辘，单尾不包括轱辘，燕尾不论是金琢墨还是烟琢墨，谱子均一样，均画一整两破云的轮廓，彩画时再区别。另外，燕尾配纸宽应为燕尾本身宽的 4～5 倍，起谱子时折叠在一起，画表面的一个将来一同扎透。

任务 4.4 扎谱子

学习目标

知识目标

熟悉扎谱子的标准工艺流程。

能力目标

能在绘制好的谱子上扎谱子。

素养目标

1. 培养吃苦耐劳的精神；
2. 培养精益求精的工匠精神，传承传统技艺。

学习内容与工作任务描述

学习内容

扎谱子的标准工艺流程。

工作任务描述

1. 完成工作引导问题；
2. 能在绘制好的谱子上扎谱子；
3. 总结扎谱子的工艺流程和要点。

任务分组

班　级		专　业		
组　别		指导老师		
小组成员	组　长	组员1	组员2	组员3
姓　名				
学　号				
任务分工				

工作引导问题

（1）谱子制作的最后一道工程序是（　　）。

（2）扎谱子时若将纸叠入，一齐扎，是遇有（　　）的部分。

（3）由于谱子借用会使图案组合不够严谨，常采用在旋子纹中加（　　）的方法。

任务4.4答案

工作任务

任务：扎谱子

工具：针。

具体做法：

（1）用针沿着起好的天花板谱子扎谱子，使其线条成为排密的针孔。

（2）视图案的疏密情况，选择细针或粗针。

操作要求：

（1）针的孔径在 0.3mm 左右，一般针距为 2～6mm。

（2）在捆扎谱子牛皮纸上写明此谱子用途。

任务知识点

4.4.1　扎谱子各项要求

各种谱子起好后，均需扎谱子，使其线条成为排密的针孔，针的孔径在 0.3mm 左右，花纹繁密可使用细针孔，花纹简单而空旷可用较粗的针扎，针眼间的距离也视图案的繁密情况而定，如方心中的龙、凤针距离小，大线可适当加大，一般针距为 2～6mm。

扎谱子应注意，遇有合楞的部分，纸应叠入，一齐扎。扎立面带合楞，但这仅指大线，不对称的图案需将谱子展开单层扎。而有些图案需反复运用扎谱子数十次，甚至上百次，扎谱子时应将该图案同时垫几张纸，同时扎，以备代换。

扎谱子是起谱子的最后一道工序，但谱子扎好后，还要对谱子进行统一整理、检查，检查以前各程序中是否有遗漏和误差。最后按份卷捆，把字露在明处，或用牛皮纸捆扎，并在牛皮纸上写明谱子用场。

4.4.2　谱子借用

早期，由于纸张相对昂贵，起谱子不见得面面俱到，而多采用借用的办法。即使构图严谨的旋子彩画，也常以一个图案借用其他图案，如起谱子时，只起一个“一整两破”纹样，遇需画“勾丝咬”“喜相逢”图案时，即以“一整两破”借用。拍谱子，谱子收减移位，从而形成“喜相逢”或“勾丝咬”纹样。谱子相互借用，可减少起谱子的工作量，但谱子借用会使图案组合不够严谨，于是就会出现许多在旋子纹中加“阴阳鱼”的例子。

任务 4.5 谱子质量验收

学习目标

知识目标

1. 了解谱子验收准备的各项要求；
2. 熟悉谱子质量验收的各项内容与标准。

能力目标

能够按照质量验收标准对天花谱子进行验收打分。

素养目标

1. 科学严谨分析，树立高标准的质量控制意识；
2. 培养精益求精的工匠精神。

学习内容与工作任务描述

学习内容

1. 谱子验收准备的内容；
2. 谱子质量验收的各项内容与标准。

工作任务描述

1. 做好验收准备要求的各项内容；
2. 按照验收标准完成天花谱子的质量验收。

任务分组

班　级		专　业		
组　别		指导老师		
小组成员	组　长	组员 1	组员 2	组员 3
姓　名				
学　号				
任务分工				

工作任务

任务 1：验收准备

（1）全部设计资料（图纸、文字、画稿、谱子）。

（2）施工记录（施工过程中各个工序的做法资料，包括文字和视频记录）。

任务 2：谱子质量验收

天花板彩画谱子验收见表 4.1。

表 4.1　天花板彩画谱子验收表

序号	项目	质量要求	满分分值	学生评价（30%）	企业导师评价（30%）	校内教师评价（40%）
1	配纸	尺寸适当，纸面平整	20			
2	鼓子线	方鼓子线平直，圆鼓子线滚圆；双线平行宽窄一致	20			
3	岔角图案	岔角工整，线条直顺流畅	20			
4	圆光内图案	圆光内图案工整规则，对称图案需要左右一致，艺术形象好	20			
5	扎谱子	针孔大小合适、间距适当	20			
合计			100			

项目 4　工作小结

（工作难点、重点、反思）

项目5　沥　　粉

沥粉是使彩画图线凸起的一种工艺，这种工艺在我国古建筑彩画中的运用，至少已有了千余年的历史。各种纹样经沥粉之后，成为凸出木构件表面的立体线条。凡沥粉部位，后期必定贴金，沥粉与贴金配合，使金箔在光的作用下，反光性能增强，从而使彩画图案更加炫彩夺目。

任务5.1　沥粉浆配制

学习目标

知识目标

1. 了解胶砸沥粉、满砸沥粉、乳胶砸沥粉的方法；
2. 熟悉沥粉浆配制的材料与工具、具体做法和工艺要求。

能力目标

能按照正确的配比与操作配制沥粉浆。

素养目标

1. 传承传统营造技艺；
2. 培养精益求精的工匠精神。

学习内容与工作任务描述

学习内容

1. 各种砸沥粉的方法：胶砸沥粉、满砸沥粉、乳胶砸沥粉；
2. 沥粉浆配制的材料与工具、具体做法和工艺要求。

工作任务描述

1. 完成工作引导问题；
2. 按照步骤配制稠度合宜的沥粉浆。

任务分组

班　级		专　业		
组　别		指导老师		
小组成员	组　长	组员 1	组员 2	组员 3
姓　名				
学　号				
任务分工				

工作引导问题

（1）沥粉浆在配制过程中，为使粉料与胶结合密实，需要反复用木棍捣砸，所以俗称此过程为（　　）。

（2）沥粉常见的有 3 种配制方法，分别是（　　）、（　　）、（　　）。

（3）各种砸沥粉方法，所用的胶和粉的种类不同，满砸沥粉的做法，以（　　）为胶。

（4）乳胶砸沥粉常用的做法，以白乳胶，加入土粉子、大白粉或滑石粉，以及适量清水搅拌而成，具有（　　）的特点。

（5）调制沥粉浆用的土粉子、大白粉或滑石粉应先过箩筛，筛去（　　）。

任务 5.1 答案

工作任务

任务：配制沥粉浆

工具：桶、搅拌棒。

材料：滑石粉、白乳胶、水。

配比：滑石粉∶白乳胶∶水≈2∶1∶1。

具体做法：

（1）将 2 份滑石粉与 2 份水倒入桶中，搅拌均匀后充分浸泡约 1h。

（2）将桶中的水倒去一半，保留 1 份水。

（3）加入 1 份白乳胶，充分搅拌均匀。

工艺要求：

（1）滑石粉应精细无杂质，需先过筛，不能调制好后再过筛。

（2）沥粉浆的稠度，以用木棍将沥粉浆挑起，再"滴"入容器，以木棍所挂粉浆能很慢又很均匀顺利地流坠下去为合适。

（3）加白乳胶，不要一次加完，边加边试验沥粉浆的稠度。

微课：沥粉浆配制

任务知识点

5.1.1 沥粉浆配制方法

沥粉浆在配制过程中，为使粉料与胶结合密实，需要反复用木棍捣砸，所以将此过程称为砸沥粉。砸沥粉常见的有3种配制方法：胶砸沥粉、满砸沥粉、乳胶砸沥粉。各种砸沥粉方法所用的胶和粉的种类不同。

1. 胶砸沥粉

胶砸沥粉是传统的做法，用过筛土粉子（20%～30%）、大白粉或滑石粉（70%～80%）混合后加牛皮胶液或骨胶液调制均匀，再加少许光油（3%～5%）搅拌均匀，然后根据稀稠情况加入适量清水，以木棒用力反复砸，使干粉与胶、油、水充分拉开浸透即可。

2. 满砸沥粉

满砸沥粉是传统的做法，以油满为胶，按胶砸沥粉中所述配比，加入土粉子、青粉或大白粉或滑石粉，以及少量清水搅拌而成。这种沥粉材料干后非常坚固，但光滑度不如胶砸沥粉。

3. 乳胶砸沥粉

乳胶砸沥粉是现在常用的做法，采用以聚醋酸乙烯酯为主要成分的白乳胶，加入土粉子、大白粉或滑石粉，以及适量清水搅拌而成。这种沥粉材料的质量不如胶砸沥粉及满砸沥粉材料，但它具有低温不冷凝、夏季不变质的特点。

5.1.2 砸沥粉浆稠度试验

砸沥粉的程度（沥粉浆稠度）需随砸随加胶液，随试，试的方法是：用木棍将粉糊挑起，再"滴"入容器，以木棍所挂粉料能很慢又很均匀顺利地流坠下去为合适，如果不往下流或断断续续一块一块地往下掉，说明太稠，需再加胶砸，如果挑试流坠速度过快，像稠油一样，说明沥粉浆太稀，应少加胶。粉砸稠了可以用胶调稀再砸，砸稀了再加粉料则很困难，所以要从稠开始逐渐加胶使其适度。

5.1.3 注意事项

（1）调制沥粉浆用的土粉子、大白粉或滑石粉应先过箩筛，筛去粗粒杂质。

（2）配制时要注意根据材料及气候情况调整胶和粉的用量，胶多时线条易起鼓崩落，胶少则黏结力差。

微课：沥粉工艺

任务 5.2 沥粉器制作

学习目标

知识目标

1. 了解沥粉器的各组成部分；
2. 熟悉沥粉器制作所需的材料与工具、具体做法和工艺要求。

能力目标

能够完成沥粉器的制作。

素养目标

1. 传承非遗技艺，树立职业自豪感；
2. 继承古人的智慧与创新精神。

学习内容与工作任务描述

学习内容

1. 沥粉器的组成：粉尖子、老筒子、粉袋；
2. 沥粉器制作所需的材料与工具、具体做法和工艺要求。

工作任务描述

1. 完成工作引导问题；

2. 按照步骤制作合乎要求的沥粉器。

任务分组

班　级		专　业		
组　别		指导老师		
小组成员	组　长	组员 1	组员 2	组员 3
姓　名				
学　号				
任务分工				

工作引导问题

（1）沥粉工艺使用的工具是沥粉器，需要自制，由（　　）、（　　）、（　　）3 部分组成。

（2）粉尖子是细长形锥筒体，有（　　）之分。

（3）常用粉尖子的尖嘴口径大小不同，沥大粉所用的口径为（　　）。

（4）（　　）是粉尖子和粉袋的连接件，为截锥筒体。

（5）粉袋现多用塑料袋制作，作用是（　　）。

任务 5.2 答案

工作任务

任务：制作沥粉器

工具：粉尖子、老筒子。

材料：粉袋（塑料袋）、棉线绳、美纹纸（纸胶带）。

具体做法：

（1）将塑料袋用棉线绳反绑在老筒子上，老筒子上部的塑料袋挖空，便于沥粉浆灌入。

（2）将塑料袋翻过来再用棉线绳绑结实。

（3）在老筒子上裹缠一层美纹纸后套上粉尖子，将粉尖子端头用美纹纸封好，否则会漏浆。

（4）塑料袋口朝上，灌装沥粉浆后扎紧袋尾。

工艺要求：

（1）沥粉器密实可靠，不能稍加用力就从粉尖子和老筒子连接处漏粉浆。

（2）后期根据沥粉需要，可以切换单头沥粉器和双头沥粉器。

（3）粉袋灌装沥粉浆后绑扎时用活绳结，方便沥粉浆用完后再次灌注。

微课：沥粉器制作

任务知识点

沥粉工具称为沥粉器，需要自制，由粉尖子、老筒子、粉袋 3 部分组成。

粉尖子和老筒子是用较薄的白铁皮加工焊制而成的，而粉袋则可用塑料袋、猪膀胱等做成。

1. 粉尖子

粉尖子为细长形锥筒体，有单头和双头之分。单头用于沥单线大粉及各路小粉，双头的两个尖嘴中线距离为 0.7～1cm，口径一致，用于沥双线的大粉。常用粉尖子的尖嘴口径大小有 4 种：最大的口径为 5mm，用于特殊的大型构件上，粉条较宽，一般称为沥大粉；其次口径为 4mm，常用于各类大式建筑构件，所沥粉条称为“二路粉”（也称为沥中路粉）；再次口径为 3mm，常用于各类较矮小的小式建筑构件；最小的口径为 2.5mm，专用于比较特殊的小型构件，所沥粉条称为“沥小粉”。

2. 老筒子

老筒子是粉尖子和粉袋的连接件，为截锥筒体。使用时，上端与粉尖子相连，下端绑扎粉袋。

3. 粉袋

传统粉袋做法采用猪膀胱制作，现多用塑料袋制作，作用是装沥粉浆。

任务5.3 沥粉训练

学习目标

知识目标

1. 了解沥大粉、沥中路粉、沥小粉的部位和差异；
2. 掌握沥粉操作应遵循的规则。

能力目标

能选用适宜的沥粉器，完成沥大粉、沥中路粉和沥小粉。

素养目标

1. 以美育人，欣赏古建筑彩画之美；
2. 掌握精湛传统技艺与优秀传统文化。

学习内容与工作任务描述

学习内容

1. 沥大粉、沥中路粉、沥小粉的部位和差异；
2. 沥粉的顺序等各项操作规则。

工作任务描述

1. 完成工作引导问题；
2. 按照工艺做法和要求，完成盒子图案沥粉和夔龙纹图案沥粉。

任务分组

<table>
<tr><td>班　　级</td><td></td><td>专　　业</td><td colspan="2"></td></tr>
<tr><td>组　　别</td><td></td><td>指导老师</td><td colspan="2"></td></tr>
<tr><td>小组成员</td><td>组　　长</td><td>组员1</td><td>组员2</td><td>组员3</td></tr>
<tr><td>姓　　名</td><td></td><td></td><td></td><td></td></tr>
<tr><td>学　　号</td><td></td><td></td><td></td><td></td></tr>
<tr><td>任务分工</td><td></td><td></td><td></td><td></td></tr>
</table>

工作引导问题

（1）彩画图案中根据沥粉线条宽度、位置、单线条与平行双线条等差异，分为（　　）、（　　）、（　　）。

（2）彩画中，起主要构图作用的大线，使用（　　）进行沥粉，称为沥大粉。

（3）中路粉又称（　　），需使用单头沥粉器。

（4）沥粉的顺序，要先（　　），后（　　），最后（　　），准确跟线，不能走样。

（5）沥较细的单线条称沥小粉，小粉的粉条宽度约（　　），视纹样图案而定。

任务 5.3 答案

任务分组

任务 1：盒子图案沥粉

工具：裁纸刀、铅笔、直尺、单头和双头沥粉器（已灌注沥粉浆）。

材料：牛皮纸。

具体做法：

（1）裁纸。将牛皮纸裁剪成约 35cm × 35cm 的正方形。

（2）盒子图案绘制。盒子外边框为边长为 30cm × 30cm 的正方形，具体纹样如图 5.1 所示，也可以自行设计其他纹样的盒子图案。

（3）沥粉。沥大粉使用双头沥粉器，一手持沥粉器，一手持直尺，挤压沥粉器，用力均匀，沥粉速度均匀。沥小粉使用粉尖子口径较小的单头沥粉器，直线用直尺辅助，曲线可以徒手进行，为了稳定性，可以双手握沥粉器。

图 5.1　整栀花盒子纹样

工艺要求：

（1）竖线由上而下，横线由左而右，大线要贴尺均匀施沥，一条线要一次沥完，中途不得断线。

（2）沥粉时要先沥大粉，待大粉干后，沥中路粉，中路粉干后，再沥小粉。

（3）粉条要准确落到谱子上，跟线准确，纹样图案不能变形。

微课：沥粉训练

任务 2：夔龙纹图案沥粉

龙形图样：自行设计，尺寸自定，可以是行龙、坐龙、团龙等。

具体做法：

（1）图案绘制。先选定图案，之后裁纸，再将图案绘制到牛皮纸上。夔龙纹图案如图 5.2 所示，也可以自行设计其他夔龙纹图案。

图 5.2 夔龙纹图案

（2）沥粉。外围的双线，使用双头沥粉器。夔龙纹使用单头沥粉器，为了稳定性，徒手沥曲线，可以双手握沥粉器。沥龙时，要先沥龙头，随后沥龙身龙尾，最后沥脊刺、龙鳞等。

注：工具、材料与工艺要求见任务 1。

任务知识点

5.3.1 沥粉分类

彩画图案中凸起的沥粉线条，线条截面呈半圆形，起突出图案轮廓的作用，根据线条的宽度、位置、单线条与平行双线条等差异，将沥粉分为沥大粉、沥中路粉、沥小粉。

1. 沥大粉

古建筑彩画中，凸起的平行双线条为图案构图中起主要作用的线条，称大线，如箍头线、盒子线、圭线光线、皮条线、岔口线、方心线等。这些双线条均使用双头沥粉器进行沥粉，称为沥大粉。大粉中两条平行线的线中距离为 7～10mm，视构件大小而定。每条平行线的粉条宽度为 4～5mm。由于大粉多为直线，故需使用平尺操作，又因大粉在程序中非常重要，要求凸起的线条要光滑流畅，直顺一致，所以要求操作者十分小心而准确，甚至运气都要沉稳。

2. 沥中路粉

中路粉又称单线大粉，需使用单头沥粉器。常见的有挑檐枋、老角梁、霸王拳、穿插枋头、压斗枋的下边线，雀替的卷草以及斗、升和底部的边线与金老线均沥单线大粉，即二路粉。单线大粉与双线大粉的粉条宽度相同，为4～5mm。

3. 沥小粉

沥较细的单线条称沥小粉。沥小粉的部位包括椽头的万字与龙眼，方心、找头、盒子、柱头、坐斗枋、灶火门、由额垫板的龙纹或轱辘阴阳草，圭线光的菊花与灵芝纹，压斗枋的工王云或流云以及檩头与宝瓶的西番莲草等部位纹样，这些纹样均很精致，线条变化自如，距离疏密不等，且多不平行，需要使用单头沥粉器，徒手挤成各种花纹。小粉的粉条宽度为2～3mm，视纹样图案而定。

5.3.2 沥粉操作规则

（1）沥直线和大粉曲线一律用直尺和曲尺，贴尺均匀施沥，一条线要一次沥完，中途不得断线。

（2）根据谱子线条的粗细情况，应事先选好粉尖子，尖口不圆、双尖口径不一致、接口有裂开者均不得使用。

（3）沥粉时要先沥大粉，后沥中路粉，最后沥小粉，准确跟线，不能走样。

（4）在高温情况下，粉料容易变稀，此时沥粉极易流坠拼条，鼓起度不够，应适时加些干粉材料，调砸均匀后再用；在低温条件下，粉料会偏稠或呈冷凝状态，如此时硬沥则会出现粉条不光滑，搭不好接头，有毛刺，鼓起度过高等弊病，这时应将装粉料的容器置于热水中进行热溶，在施沥过程中应随时更换热水，以保持粉料温度。

（5）冬季施工时，应保持沥粉的环境温度在1℃以上，温度过低会使粉料失去黏性，导致沥粉、颜色的粉化脱落。

（6）沥粉未干燥之前，干燥所用时间一般为3h左右，不得在该处进行其他作业，以免碰损粉条。如有需要修整之处，应在八成干后用小刀慢慢进行修整。

（7）沥粉完毕以后，应将沥粉器具及时清洗干净，以便下次使用。

任务5.4 沥粉质量验收

学习目标

知识目标

1. 了解沥粉验收准备的各项要求；
2. 熟悉沥粉质量验收的各项内容与标准。

能力目标

能够按照质量验收标准对沥粉进行验收打分。

素养目标

1. 科学严谨分析，树立高标准的质量控制意识；

2. 培养精益求精的工匠精神。

学习内容与工作任务描述

学习内容

1. 沥粉验收准备的内容；

2. 沥粉质量验收的各项内容与标准。

工作任务描述

1. 做好验收准备要求的各项内容；

2. 按照验收标准完成沥粉的质量验收。

任务分组

班级		专业		
组别		指导老师		
小组成员	组长	组员1	组员2	组员3
姓名				
学号				
任务分工				

工作任务

任务1：验收准备

（1）全部设计资料（图纸、文字、画稿、谱子）。

（2）各种材料的合格证、质保书、试验报告。

（3）全部分部工程、分项工程、隐蔽工程验收资料（如地仗验收单等）。

（4）施工记录（施工过程中各个工序的做法资料，包括文字和视频记录）。

任务 2：沥粉质量验收

沥粉验收见表 5.1。

表 5.1　沥粉验收表

序号	项目	质 量 要 求	满分分值	学生评价（30%）	企业导师评价（30%）	校内教师评价（40%）
1	粉条质量	坚固、光滑、饱满；无刀子粉、疙瘩粉、瘪粉、麻渣粉	20			
2	间距与粗细	双线之间间距宽窄一致，粉条自身粗细均匀一致	20			
3	方正、圆度	直线横平竖直、曲线圆转流畅	20			
4	粉条位置	按谱子印沥粉，无遗漏，无多沥	20			
5	搭接处	主要线条无明显接头，横竖粉条搭接合条	20			
合计			100			

项目 5　工作小结

（工作难点、重点、反思）

项目 6　颜料配制

彩画所用的颜料包括两个部分，一部分是图案部分大量使用的颜料，一部分是绘画部分用量较少的颜料。彩画行业将用量大的色称为大色，将用量少的色称为小色，大色全是矿物质颜料，小色有矿物质颜料、植物质颜料和其他化学颜料，但主要使用矿物质颜料。现代成品国画颜料，集中地代表了小色的种类和特征。另外，在彩画中某些图案花纹体量很小，用的颜料也不多，虽然使用大色调配（一般较浅）但也称为小色。

彩画的颜料分为若干层次，同一种颜色，可分为深浅不同的几个层次，其中常用的为在原颜料中加入白色调和成较浅的各种色，称为晕色。加入白色少些，调和后的颜色比晕色深的色，称为二色。晕色、二色用量较大，但不叫大色，如果用在体量小的部位上则称为小色，也是由矿物质颜料调成。

除颜料之外，由于装饰和工艺的需要，彩画还包括一些其他材料，如纸张、大白粉、滑石粉、胶、光油等，这些统称彩画的颜料和材料。

任务 6.1　颜料

学习目标

知识目标

1. 了解彩画颜料按不同标准的分类；
2. 了解矿物质颜料在彩画中的应用情况；
3. 熟悉古建筑彩画中常用的色彩、颜料。

能力目标

1. 能够辨识并描述北京地区清官式彩画中常用的色彩和颜料；
2. 能够鉴别矿物质颜料的质量。

素养目标

1. 以美育人，提高对美的欣赏和理解能力；
2. 提升中华优秀传统文化的认同感与自豪感，树立文化自信。

学习内容与工作任务描述

学习内容

1. 彩画颜料按不同标准的分类；
2. 矿物质颜料在彩画中的应用情况；
3. 古建筑彩画中常用的色彩、颜料。

工作任务描述

1. 完成工作引导问题；
2. 总结古建筑彩画中常用的色彩和颜料及其化学性质和特点；
3. 总结鉴别颜料的方法。

任务分组

班　　级		专　业		
组　　别		指导老师		
小组成员	组　　长	组员 1	组员 2	组员 3
姓　　名				
学　　号				
任务分工				

工作引导问题

（1）在原颜料中加入白色调和成较浅的各种色，称为（　　）。

（2）现在的彩画和传统的彩画使用的白色颜料不同，现在彩画中的白色颜料主要是（　　），传统彩画中用量最大的白色颜料是（　　）。

（3）红色系颜料是虫胶漆类颜料，也可制胭脂，彩画中可作小色用的是（　　）。

（4）彩画颜料的鉴别方法有（　　）、（　　）和目测、手捻法。

任务 6.1 答案

工作任务

任务1：个人任务

工作内容：

（1）总结鉴别矿物质颜料质量的方法和标准。

（2）尝试使用目测、手捻、水溶等方式鉴别矿物质颜料的质量。

任务2：小组任务

工作内容：

（1）按照色系（如红色系、蓝色系、黄色系等）对古建筑彩画中常用的矿物质颜料进行分类。

（2）总结不同矿物质颜料的化学特性。

（3）搜集各色系中颜料的实际应用实例，记录其在古建筑彩画中的使用频率和效果。

成果要求：以小组为单位提交学习报告，图文并茂，可配短视频。

成果展示：每组派1名同学进行汇报，以抽查的形式，选择3~5组进行汇报。

成果评价：

评价项目	评价标准	参考分值	得分
案例搜集	案例准确、图文并茂	20	
矿物质颜料分类整理	完整精练、逻辑清晰	30	
矿物质颜料化学特性总结	全面准确、逻辑清晰	30	
汇报文件版式与配色	美观、配色协调、排版整洁、有条理	10	
团队精神	分工合理、配合密切	10	
总　分		100	

任务知识点

6.1.1　颜料的分类

传统彩画根据工艺的特点，常分为矿物质颜料与植物质颜料两大类。实际上，植物质颜料在彩画中用量极少，品种也有限，主要还是应用矿物质颜料。按色系分类是现在颜料分类常用的方式。

对于各色的颜料，传统上每一种色只选用一种颜料，鉴于历史和地区的原因，同一种图案所选用的同一种色其品种是不一样的，故按色系的分类中尽可能地包括了各种常用及实用颜料。

1. 白色系

1）钛白粉

钛白粉学名二氧化钛，钛白粉的化学性能相当稳定，遮盖力及着色力都很强，是一种重要的白色颜料。纯净的钛白粉无毒，能溶于浓硫酸，不溶于水也不溶于稀酸，由于品质的优良，现在彩画中常作为主要白色运用。

2）铅白

铅白不溶于水和稀酸，有良好的耐气候性。国产铅白粉具有很好的质量，为区别于立德粉，彩画中称为“中国粉”。传统彩画中这种白色用量最大。

3）立德粉

立德粉学名锌钡白，立德粉是硫化锌和硫酸钡的混合白色颜料。遮盖力比锌白强，但次于钛白粉。立德粉为中性颜料，能耐热，不溶于水。与硫化氢和碱溶液不起作用，遇酸溶液能产生硫化氢气体。彩画中对立德粉使用较慎重，对于一些临时性的彩画装饰可以运用。

4）轻粉

轻粉是采用水银、白矾、食盐加工而成。古代多用作白色颜料，用于制作佛像，现在基本不用。

2. 红色系

1）银朱

银朱具有相当高的遮盖力和着色力及高耐酸碱性。彩画对银朱的用量较大，因其色彩纯正，是主要的红色颜料。国产银朱有上海银朱、佛山银朱及山东银朱。

2）章丹

章丹又名红丹、铅丹，为红色颜料，略呈橘黄色，体重，有毒。色泽鲜艳，遮盖力强，不怕日晒，经久不褪色，彩画中多有运用，可单独使用，也可与其他颜料调和使用或打底用。

3）氧化铁红

氧化铁红有天然与人造两种，色彩深重紫暗，遮盖力和着色力都很强，有优越的耐光、耐高温、耐大气影响、耐污浊气体及耐碱性能。氧化铁红在彩画中一般用量较少，偶尔也有大量使用的情况，是必备的色彩之一。

4）丹砂

丹砂又名朱砂，是大者成块，小者成六角形的结晶体。彩画中做小色用，使用时研细，现有成品出售。

5）紫铆

紫铆是虫胶漆类颜料，亦可制胭脂，彩画中可作小色用。

6）赭石

传统彩画将赭石作小色用，随用随研，现多用已加工好的成品颜料。

7）胭脂

胭脂是红色颜料之一。古代制胭脂之方以紫铆染绵者为最好，以红花叶、山榴花汁制造次之，彩画作小色用，现均用市售各种成品。

3. 黄色系

1）石黄

石黄又名雄黄或雌黄，均为三硫化砷，因成分纯杂不同，色彩深浅亦不同。古人称发深红而结晶者为雄黄，其色正黄不甚结晶者为雌黄，《本草纲目》有雌黄即石黄之载。彩画用石黄有悠久历史，我国广东、云南、甘肃等地均有出产，因成分纯度的不同，色彩的色度也深浅不同。现在彩画中称一些色彩纯正、细腻、遮盖力强且价廉的矿质黄颜料为石黄。

2）铬黄

铬黄是含有铬酸铅的黄色颜料，着色力高，遮盖力强，不溶于水和油，遮盖力和耐光性随颜色从柠檬色到红色相继增加。传统彩画不用此种颜料，近年逐渐运用，品质尚佳。

3）藤黄

藤黄有毒，可用水直接调和使用，依加水多少而产生深浅不同的色彩，耐光性差，彩画作小色用。

4. 蓝色系

1）群青

群青又名佛青，是一种颜色鲜艳的颜料，耐光、耐高温、耐碱、不耐酸，在彩画中用量很大。群青以明度高、色彩鲜艳为彩画所选用。

2）石青

石青为天然产的铜的化合物，色彩鲜艳美丽，遮盖力强，非常名贵，经久不褪色。石青是古代彩画的主要蓝色颜料，现彩画中作小色用，国画颜料中的头青、二青等均可运用。

3）普蓝

普蓝又称华蓝、铁蓝，是一种深重而艳丽的蓝色，彩画中作小色用。

4）花青

花青是植物性颜料，由靛蓝加工而成，颜色深艳、沉稳凝重，所谓“青出于蓝而胜于蓝”即由此出。花青是彩画和中国画不可缺少的重要颜料。现多用已加工好的成品颜料。

5. 绿色系

1）洋绿

洋绿现多为巴黎绿。因传统彩画以前使用德国产“鸡牌绿”，按当时习惯，舶来品为“洋”，故称洋绿。鸡牌绿色彩鲜艳，明度高，遮盖力强，用于室外经久不褪色。现多用巴黎绿，其色彩较鸡牌绿深暗，色泽发蓝，远不及鸡牌绿鲜艳。巴黎绿是目前彩画大量涂刷绿色的主要品种之一。

2）砂绿

砂绿的色彩很深，比巴黎绿色彩发黑，但耐日晒，经久不褪色，而且价格便宜，国内多有出产，因产地不同，性能及色彩常有差别。

3）石绿

石绿又名绿青、孔雀石，石绿是铜的一种化合物，颜色鲜艳。将石绿捣研成细末，倒入水中漂去污物，然后研成极细，用水漂洗成深浅不同部分，色浅者为绿华，稍深者为三绿，更深者为二绿，最深者为大绿。彩画作小色用。

6. 黑色系

炭黑又名乌烟、黑烟子。炭黑是由有机物质经不完全燃烧或经热分解而成的不纯产品，为体轻而极细的无定型炭黑色粉末，炭黑遮盖力、耐候性、耐晒性均很强，在彩画中的运用有悠久的历史。

6.1.2 鉴别颜料的方法

彩画颜料的质量对于彩画工程的影响非常大，目前各种彩画颜料在成为商品之前均已按需要进行检验。早期由于对颜料的性能了解有限以及受颜料来源不固定、性能了解不清的影响，常在用时凭经验临时加以鉴别。有些方法至今仍具有参考价值，其主要用于鉴别矿物质颜料，方法如下。

1. 静置法

彩画颜料均为矿物质颜料，均不溶于水，所以将颜料倒入水中搅拌之后静置数小时，颜料就会重新沉于水底，而且上层的水十分清澈。用这种方法可以检验各种白色、蓝色等色颜料的品质。有些颜料在未鉴别前虽然也非常鲜艳，但倒入水中之后，水被染成该颜料色，说明颜料之中已加入其他染料，染料多比颜料易褪色，故用于彩画部分之后，也会随即褪色。各种植物颜料以及炭黑、银朱等体轻的颜料不宜用此法鉴别。

2. 火烤法

很多矿物质颜料具有耐热性能，将颜料涂于纸上或其他物体表面，略加火烤，纸被烧焦，颜料色彩不变，说明耐热性能较优越。

3. 目测、手捻法

品质好的颜料纯正无杂质，不结块，用手捻之非常细腻且遮盖力强，手上的颜色很容易用水冲洗干净。用手捻还可测定颜料颗粒的大小，彩画中对颜料的细度要求不太高。

对于性能不清的颜料不能用于彩画之中，以防当时鲜艳，日后褪色，或两种色相调和后当时鲜艳，日后褪色。在选择颜料方面应慎重，需要借助长期经验。

微课：颜料和其他材料

任务 6.2　其他材料

学习目标

知识目标

了解彩画所需的各种其他材料的化学性质和用途。

能力目标

1. 能总结彩画所需的其他材料的化学性质和用途；
2. 能根据彩画的特点，选择合适的胶料进行颜料的调配。

素养目标

1. 欣赏古建筑彩画之美；
2. 发扬古建筑彩画传统技艺，弘扬优秀传统文化。

学习内容与工作任务描述

学习内容

彩画所需的各种其他材料的化学性质和用途。

工作任务描述

1. 完成工作引导问题；
2. 总结彩画所需的其他材料的化学性质和用途。

任务分组

班　　级		专　　业		
组　　别		指导老师		
小组成员	组　　长	组员 1	组员 2	组员 3
姓　　名				
学　　号				
任务分工				

工作引导问题

（1）骨胶是由（　　）制成，属于蛋白质类含氮的有机物质，一般为金黄半透明体，有片状、粒状、粉末状等多种。

（2）无油无色，成膜后油光发亮，因此叫（　　），俗称清漆。

（3）黏性大于骨胶，且干后不怕雨淋，使用时可克服较冷天气对胶液的影响的是（　　）。

（4）高丽纸分（　　）、（　　）两种，彩画用其性能绵软、洁白无杂质、有韧性、拉力强者。

任务 6.2 答案

工作任务

任务 1：个人任务

工作内容：

（1）对彩画所需的其他材料进行分类整理。

（2）搜集不同胶料的图片。

任务 2：小组任务

工作内容：

（1）总结不同胶料的化学特性。

（2）搜集不同胶料的实际应用实例，记录其在古建筑彩画中的使用频率和效果。

成果要求：以小组为单位提交学习报告，图文并茂，可配短视频。

成果展示：每组派1名同学进行汇报，以抽查的形式，选择3～5组进行汇报。

成果评价：

评价项目	评价标准	参考分值	得分
案例搜集	案例准确、图文并茂	20	
不同胶料分类整理	完整精练、逻辑清晰	30	
不同胶料化学特性总结	全面准确、逻辑清晰	30	
汇报文件版式与配色	美观、配色协调、排版整洁、有条理	10	
团队精神	分工合理、配合密切	10	
总　分		100	

任务知识点

彩画的其他材料包括主要工具和调配彩画颜料所用的各种性能的胶、矾、大白粉、光油、纸张等。

6.2.1 辅助材料

1. 骨胶

骨胶是用动物骨骼制作而成，属于蛋白质类含氮的有机物质，一般为金黄半透明体，有片状、粒状、粉末状等多种。骨胶黏性较皮胶次，目前彩画采用粒状骨胶。

2. 皮胶

皮胶是用动物皮制成，一般为黄色或褐色块状半透明或不透明体。粉状的称烘胶粉。彩画需用品质较好的，半透明体皮胶。

3. 桃胶

桃胶又名阿拉伯胶，桃胶并非定指桃树胶，桃胶属于树胶。桃胶呈微黄色透明珠状，溶于水，可粘木材、纸张，热水溶化会变质。彩画在特殊情况下运用。

4. 乳胶

乳胶呈白色黏稠体，未干呈半透明状，干后透明度增加，可用于调和彩画颜料。乳胶黏性大于骨胶，近年彩画调配某些主要大色多用这种胶，此胶调色在彩画干后不怕雨淋，使用时可克服较冷天气对胶液的影响。但乳胶怕冻，受冻变质后不能使用，使用时应按产品说明要求进行。

5. 矾

矾就是普通食用白矾，透明、发涩、溶于水，在彩画中用于浆矾纸张，使其变“熟”不渗水，也用于绘画中的固定底色，以便于以后的渲染。

6. 高丽纸

高丽纸分为手制、机制两种，彩画用其性能绵软、洁白无杂质、有韧性、拉力强者。

7. 光油

光油是带有天然树脂特性的一种合成树脂，大多指的是表面透明清漆，无色，成膜后油光发亮，因此叫“光油”，俗称清漆。

8. 大白粉

大白粉又称滑石粉，一般在大白粉中加入纤维素、白乳胶和水，揉成稠状，用以披墙壁面、屋顶，为防止墙壁面及屋顶开裂、脱落。

6.2.2 主要工具

1. 彩画用笔

彩画的绘制中用到的笔包括各种规格的油画笔、白云笔、叶筋笔或衣纹笔、大描笔等。

2. 辅助工具

彩画绘制需用到的辅助工具有：钢直尺、盒尺、木尺、三角板、圆规、砂纸、沥粉工具（单双尖子、老筒子、塑料袋、小线）、土布子（粉包）、刷子、手皮子（过箩筛使用）、剪子、裁纸刀、刷子、铅笔、橡皮、粉笔、扎谱子针、碗、大中小号调色盆、勺、调色棒、80 目箩筛、牛皮纸、红墨水、水桶、小油桶等。

任务 6.3 颜料配制方法

学习目标

知识目标

1. 了解胶液的配制过程；

2. 了解颜料配制的步骤。

能力目标

能对颜料配制过程进行概述，并能够做好防护措施。

素养目标

1. 传承传统技艺并培养创新传承精神；

2. 培养吃苦耐劳的精神。

学习内容与工作任务描述

学习内容

1. 彩画需要的颜料配制方法；

2. 颜料调配的注意事项。

工作任务描述

1. 完成工作引导问题；

2. 根据指导进行简单的颜料配制。

任务分组

班　级		专　业		
组　别		指导老师		
小组成员	组　长	组员 1	组员 2	组员 3
姓　名				
学　号				
任务分工				

工作引导问题

（1）乳胶不能与颜料直接调配，因浓度太大，不易拌和，配乳胶即将乳胶冲淡，一般按（　　）比例进行稀释。

（2）晕色比大色浅若干层次，与白色有明显的差别，晕色都是用已调好的大色加已调好的白配制，晕色包括（　　）、（　　）、（　　）（列举 3 个）。

（3）炭黑粉体质极轻，极易飘散，而且不易与胶结合，故在加胶时应先少加，可从占炭黑粉体积的（　　）的胶量加起。

（4）三绿是用洋绿，现指用巴黎绿加白调成，三绿晕色不宜太浅，否则发白，色略比三青重，涂上可使彩画更加艳丽，故彩画调晕色有（　　）之说。

任务 6.3 答案

工作任务

任务 1：颜料配制

工具：小水桶、木棒、勺子。

材料：各色矿物颜料、白乳胶、水。

具体做法：

（1）配制大色。群青、洋绿、铅白、银朱、炭黑等。

（2）配制晕色。三青、三绿等。

操作要求：

（1）按照不同颜料的性能调整加胶量。

（2）晕色用配制好的各色和白色混合，而不是先混合矿物颜料，再加水和乳胶。

微课：颜料配制

任务知识点

6.3.1 胶液的配制

1. 熬骨胶

彩画颜料及其他材料需加胶后方可使用，胶使用前需熬化，然后按一定比例与彩画颜料调和。熬胶的方法较简单，以常用的骨胶粒为例，将其杂质去掉，之后按比例加入清水，用水煮沸，使其化解，即可使用。熬胶时，一般天气热时胶量大些，天气冷时，胶量小些，用于调制沥粉材料的胶要浓些，调颜料的胶浓度要小些，矾纸所用胶浓度更小。在实际运用中，虽然胶较浓，但在加色调和之后，还常加入适量清水调和，所以一般熬胶时，干胶与水的比例仅为参考。一般在加入颜料后，以颜料使用效果和质量而定，要求做到：

（1）颜料在胶干后，用手擦拭，不能掉色；

（2）第一层颜料涂上之后，再涂第二层颜料，无渗浑现象；

（3）各层颜料重叠，不会发生起皮翘裂现象；

（4）用毛笔渲染、纠粉时，层的色不会把底色“翻起”。

熬胶时在胶粒放入水中之后，要勤于搅拌，直至全部溶解，否则底部易熬糊，影响调色的质量。

2. 配乳胶

乳胶不能与颜料直接调配，因浓度太大，不易拌和。配乳胶即将乳胶冲淡，一般按乳胶：水 =1：1 比例进行稀释。使用时以稀释后的乳胶与颜料调配。

3. 化桃胶

将桃胶用清水浸泡，桃胶遇水逐渐溶解，但速度较慢，普通颗粒状的桃胶需泡 1d，使用时再加适量清水稀释。桃胶不能用热水熬化。

6.3.2　大色的配制

彩画所用大色均用原单一颜料加胶调配。但因大色的性能不同，所以调配方法也各异。彩画在施工前首先调各种大色，其他色如二色、晕色、小色可用大色相互配对，调配彩画颜料的方法取决于颜料的相对密度，有些相对密度较大的颜料也因颜料性能不同，在调用时可先进行某些处理。

1. 铅白粉

铅白粉使用前需将其碾碎、过筛，再加胶调和。传统方法为：将中国粉与少量胶液糅合均匀，之后搓成条或团，放入清水中浸泡，使用时浮去部分清水，将颜料搅拌均匀，滤去泡沫即可使用，若用热胶效果更好。另一种方法，不事先砸碎铅白粉，直接用大量的开水沏，粉块随即溶解，静置数小时，水凉之后浮去清水再加胶即可使用。

2. 银朱

银朱配置时不需要先用水浸泡颜料，加胶量由少到多。加胶多色彩浓重，反之色彩则轻飘。

3. 群青

调群青方法极简单，将颜料放入容器，加入适量胶液，由少至多逐渐搅拌成稠糊状，之后再加入足够的胶和少量的水稀释，使其具有足够的遮盖力，即可使用。

4. 氧化铁红

氧化铁红调法同群青，直接加胶即可。

5. 石黄

石黄调法同调群青。

6. 洋绿

传统调洋绿色之前，都用开水将其冲泡，之后静置数小时再将水澄出，加胶，目前调巴黎绿均不用水沏，直接加胶与颜料调和，方法同调群青。

7. 炭黑

炭黑粉体量极轻，非常容易飘散，且不易与胶结合，故在加胶时应先少加，可从占炭黑粉体积的 5%～10% 的胶量加起，之后轻轻用木棍搅和，使胶液将炭黑粉全部粘裹其中，再加足胶液并加适量清水稀释之后使用。

6.3.3 晕色及小色的配制

晕色比大色浅若干层次，当然要与白色有明显的差别，晕色都是用已调好的大色加已调好的白配制，晕色包括三青、三绿、硝红、粉紫等。

（1）三青。与国画颜料（小色）中的三青不同，三青是用群青加白调成，三青晕色不宜偏重，否则彩画不明快。

（2）三绿。三绿也不是国画中的三绿，是用洋绿加白调成，三绿晕色不宜太浅，否则发白，色略比三青重，涂上可使彩画更加艳丽，故彩画调晕色有“浅三青、深三绿”之说，但要注意晕色应与原绿有明显的差别。

（3）硝红。硝红即粉红色，用银朱加白调成，色不宜过重。

（4）粉紫。粉紫有两种配法，一种用氧化铁红加白调制，另一种用银朱加群青再加白调制。前者方法简单，但色彩不鲜艳；后者色彩鲜艳，近似俗称的藕荷色。后者由于其中红与群青的比例不同，有偏蓝与偏红两种紫的效果。

彩画中的二色实际也是晕色，但运用中不称晕色，称二色，比晕色深，所以加白要少，调法与晕色相同，常用的二色为二青、二绿。

其他绘画用的小色传统多用原颜料研制，如研毛蓝、研赭石、泡藤黄块、泡桃红等，现已改用各种成品绘画颜料，如广告色和国画色中的赭石、藤黄、酞青蓝、朱砂、朱膘、胭脂等，主要用国画颜料。

6.3.4 颜料调配注意事项

彩画中的很多颜料含有毒性，有些甚至为剧毒品，如洋绿、藤黄、石黄、铅粉、章丹等，其中洋绿和藤黄毒性最大，从材料调配时就应注意，对于质量差的绿，传统需将其碾压，过箩筛之后再用。此过程中，吸入粉尘会使人口鼻发干、流血，皮肤接触后，某些部位如汗腺会产生过敏反应，红肿瘙痒，因此要注意防护。如筛绿时将其放在特制的箱子里进行，必须戴手套、口罩，穿防护服，并随时注意洗手等。洋绿、藤黄一旦入口，严重者会致死。

彩画的胶传统多为骨胶，骨胶及骨胶所调制的颜料在夏季炎热天会发霉变质，产生腐臭味，故在运用时应按需分阶段调用，不可一次调制过量，如有用不完的胶，每日均需重新熬沸。用不完的颜料需出胶，出胶方法是将颜料用开水沏，再使颜料沉淀将胶液澄出，使用时再重新入胶。另外，由于夏天天气炎热，胶的性能也随之改变，即黏性减弱。即使有时不出胶，材料也无腐味，使用前也需另补少量新胶液，以保证其黏度。

目前，彩画大量使用乳胶调各种大色，乳胶色不会霉腐变质，因此不需出胶，但剩余的乳胶色干后不能再用，因用水泡不开，故也应按需配制，不可过量，以免浪费。

各种颜料入胶量按层次而定，一般底色胶量可大些，上层色的胶应小些，否则易发生起皮、崩裂现象。

6.3.5 色彩标号

彩画图案由多种色彩间杂排列，繁密复杂，种类较多。为了表达设计者的色彩安排，避免施工中涂错颜色，传统常在构件的图案之间和谱子花纹之中标以色彩加以说明。实际工程中，人们使用中文数字和偏旁来代替汉字表达各种色。

彩画用的色有青、绿、香、紫、黑、白、红、黄、章丹、金色，分别用七、六、三、九、十、白、工、八、丹、金表示。从“六”至“十”，以及“工”所表示的颜色，是彩画中常用的几种大色。对于较浅的色如三青、三绿，可用三七、三六表示，但彩画施工时遇这种情况多不标注，即使标注仍用六、七表示绿青，施工中根据图案的形式就可确认应涂（先涂或后涂）深色或浅色。色彩标号见表6.1。

表6.1 彩画颜色代号与颜色说明对照表

颜色代码	代表颜色	颜色名称	近似色	颜色加兑成分	备注
六	绿色	巴黎绿	中绿或石绿	原色	业界称洋绿，德国进口，属剧毒颜料
七	青色	群青	深蓝色	原色	
八	黄色	石黄	中黄	原色	
九	紫色		紫色	银朱红加适量群青	或广红土加群青
十	黑色	烟子	墨汁	原色	
工	红色	银朱红	大红色	原色	
三	香色		土黄色	石黄加少量银朱、群青	礼佛所燃香的颜色
丹	章丹色	章丹	橘红色	原色	
白	白色	铅粉	白色	原色	
砂	砂绿	砂绿	浅墨绿色	绿中加适量群青	
石	石山青色		浅青绿色	白粉加兑适量青、绿色	
肖	粉红色		浅粉红色	白粉中加少量银朱红	
浅九（或九）	粉紫色		浅紫色	紫色中加白	在晕色范畴内往往也借用大色的代号来标注
浅三（或三）	浅香色		浅土黄色	香色加白	在晕色范畴内往往也借用大色的代号来标注
二七	浅青色	二青	浅蓝色	群青加适量白粉	
三七	浅青色	三青	浅蓝色	群青加适量白粉	比二青浅一个色阶
二六	浅绿色	二绿	浅绿色	绿中加白	
三六	浅绿色	三绿	浅绿色	绿中加白	比二绿浅一个色阶

任务 6.4 颜料配制质量验收

学习目标

知识目标

1. 了解颜料配制验收准备的各项要求；
2. 熟悉颜料配制质量验收的各项内容与标准。

能力目标

能够按照质量验收标准对颜料配制进行验收打分。

素养目标

1. 科学严谨分析，树立高标准的质量控制意识；
2. 培养精益求精的工匠精神。

学习内容与工作任务描述

学习内容

1. 颜料配制验收准备的内容；
2. 颜料配制质量验收的各项内容与标准。

工作任务描述

1. 做好验收准备要求的各项内容；
2. 按照验收标准完成颜料配制的质量验收。

任务分组

班　级		专　业		
组　别		指导老师		
小组成员	组　长	组员 1	组员 2	组员 3
姓　名				
学　号				
任务分工				

工作任务

任务 1：验收准备

（1）颜料、胶等材料符合市场准入制度的有效证明文件、出厂质量合格证明文件及现场检查报告、各种材料的合格证、质保书、试验报告。

（2）施工记录（施工过程中各个工序的做法资料，包括文字和视频记录）。

任务 2：颜料配制质量验收

颜料配制验收见表 6.2。

表 6.2　颜料配制验收表

序号	项目	质量要求	满分分值	学生评价（30%）	企业导师评价（30%）	校内教师评价（40%）
1	色准	试色干燥后与标准色对照无色差，不含其他杂色	40			
2	融合性	要求颜料中无结块，用力振荡后静置 1h 后无明显沉浮或上浮现象	30			
3	牢固度	试色干燥后手摸不掉粉、不掉色	30			
合计			100			

项目 6　工作小结

（工作难点、重点、反思）

项目 7　和玺彩画

和玺彩画产生于明朝中后期，清朝时期才开始大范围使用。它是清代建筑彩画中等级最高的，以龙为主要图案，效果金碧辉煌，主要用于装饰宫殿、皇家敕建坛庙的主殿、堂、门。和玺彩画最主要的特点是以“ξ”形折线将整个画面分为方心、找头、盒子几部分。根据所绘制的彩画内容，和玺彩画又分为若干等级。

任务 7.1　和玺彩画特征与分类

学习目标

知识目标

1. 了解和玺彩画的地位、用途与演变；
2. 熟悉和玺彩画的构图布局特征；
3. 熟悉和玺彩画的分类。

能力目标

能总结各朝代和玺彩画的特征、和玺彩画的构图布局特征、各类和玺彩画的特点。

素养目标

1. 以美育人，欣赏古建筑彩画之美；
2. 培养精益求精、创新的工匠精神。

学习内容与工作任务描述

学习内容

1. 和玺彩画的地位、用途与演变；
2. 和玺彩画的构图布局特征；
3. 和玺彩画的分类及特点。

工作任务描述

1. 完成工作引导问题；

2. 以小组为单位，搜集资料，提炼明代、清代和玺彩画的特征，总结提炼和玺彩画的构图布局特征；总结对比各类和玺彩画的主要特点。

任务分组

班　级		专　业		
组　别		指导老师		
小组成员	组　长	组员 1	组员 2	组员 3
姓　名				
学　号				
任务分工				

工作引导问题

（1）清工部《工程做法》中称为“合细彩画”，后来梁思成先生将其定为（　　）。

（2）和玺彩画是（　　）建筑主要的彩画类型。

（3）明中晚期和清早期和玺大线用（　　）表现，中晚期和玺大线演变为用（　　）表现。

（4）从总体上来说，和玺彩画呈现三段式的布局，由（　　）、（　　）、（　　）组成。

（5）和玺彩画按彩画中所绘制的纹样图案分类，分为（　　　　）。

任务 7.1 答案

工作任务

任务：小组任务

工作内容：小组进行讨论分析，搜集案例与资料。

（1）根据和玺彩画的演变，总结提炼明代、清代和玺彩画的特征。

（2）总结提炼和玺彩画的构图布局特征。

（3）归纳总结和玺彩画的分类，以精练的语言描述出不同类型的主要特征。

成果要求：以小组为单位提交学习总结报告，图文并茂，可配短视频。

成果展示：每组派 1 名同学进行汇报，以抽查的形式，选择 3～5 组进行汇报。

成果评价：

评价项目	评价标准	参考分值	得分
和玺彩画的演变	完整精练、逻辑清晰	20	
和玺彩画的构图布局特征	完整精练、逻辑清晰	20	
和玺彩画的分类及特点	完整精练、逻辑清晰	20	
报告的规范性	目录清晰，标题规范，字号字体统一	10	
报告的美观性	版式与配色美观，图文并茂	10	
汇报表现	条理清晰，表达流畅，主次分明	20	
总　分		100	

任务知识点

7.1.1　和玺彩画概述

1. 和玺彩画定义

清工部《工程做法》中称为“合细彩画”，后来梁思成先生将其定为和玺彩画。其最主要的特征是找头两端有“ᐸ”形折线将整个画面分成几部分。

和玺彩画构图严谨，图案复杂，用金量大，主要线条及龙、凤、宝珠等图案均沥粉贴金，配合青绿、红色衬地，色彩艳丽，金碧辉煌。

2. 和玺彩画的地位

和玺彩画是清官式建筑主要的彩画类型，是彩画中等级最高的形式。

3. 和玺彩画的用途

和玺彩画分若干等级，应用范围很广，主要用于宫殿、皇家敕建坛庙的主殿、堂、门。

7.1.2　和玺彩画的演变

和玺彩画是在明代中后期官式旋子彩画日趋完善的基础上，为了展现更高的等级、更华丽的效果，产生的新的彩画类型。

与旋子彩画相比，和玺彩画保留了三段式的基本格局，但龙凤等花纹大面积使用。找头放弃了旋花而多用龙纹，方心绘制行龙或龙凤等图案，盒子内画坐龙，等等。

明中晚期和清早期和玺大线用弧线表现，清中晚期和玺大线演变为用斜直线表现。和玺彩画主要线条的变化有 4 个历程：一是保留旋子彩画莲花瓣形方心头，变找头为莲花瓣形圭线光子；二是找头维持莲花瓣形圭线光子，方心头变为莲花瓣形“ᐸ”；三是找头维持莲花瓣形圭线光子，方心头变为直线形“⋞”；四是找头变为直线形“⋞”，方心头维持直线形“⋞”。至此，方心线、岔口线、皮条线都相应地成为“⋞”形线。

在做法上的发展，早中期和玺在主体轮廓大线旁只饰以白色线。晚期的和玺于大线旁绘以白色大粉及晕色，用以体现色彩的层次韵味。

7.1.3　和玺彩画的构图布局特征

不同类别的彩画，其主要特点表现在一些较大的构件上，因其体量大，便于构图，从而形成各种格式。其中檩、垫板、枋为不同类型彩画的代表构件，可提取出具有共同特点的规则。

从总体上来说，和玺彩画呈现三段式的布局，由方心、找头、盒子组成，在盒子的两端，有箍头。分隔各部位的主要线条有方心线、岔口线、皮条线和盒子线，被称为五大线。其中，方心线、岔口线、皮条线为“⋞”形，盒子线常见为曲线，箍头线为竖线（图 7.1）。

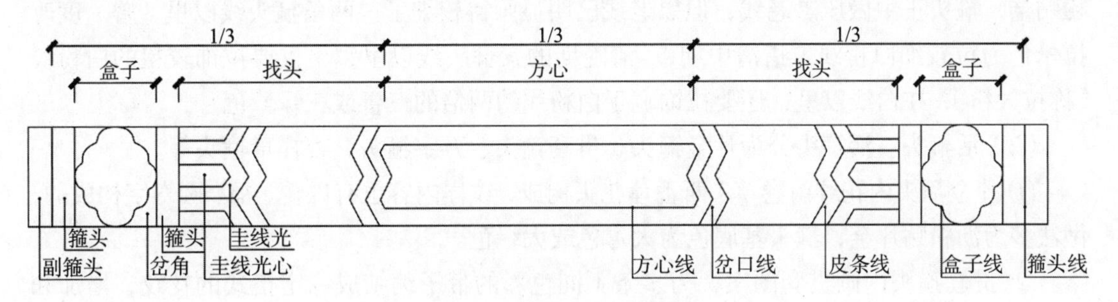

图 7.1　和玺彩画各部位组成

1. 方心

方心位于构件的中心部位，占整个画面的 1/3。方心图案：清代和玺彩画方心中可绘制龙、凤、西番莲、灵芝、吉祥草、宝珠、梵文等。方心内衬地为青、绿或红色，若是龙纹和凤纹，沥粉贴金，但纹样本身不退晕；若是西番莲、吉祥草、宝珠等图案，多有纹样本身的退晕做法。方心线处按照局部设色工艺的不同做法，有退晕和不退晕两种做法。大小额枋上方心的底色，青绿不同，两层额枋之间的垫板一般为红色衬地。

2. 找头

由岔口线至最近的箍头线称为找头，找头区域内构成较为复杂，依次包含了岔口线、找头、皮条圭线和圭线光。

找头内多画龙纹，绿地画降龙，青地画升龙。也可以画凤纹、西番莲纹、灵芝、吉祥草、法轮纹等。

圭线光也称为线光子。这一区域有几个呈宝剑头（如“∧”状）的地方，“圭”即宝剑头。但传统圭线光又称为龟线光，因为这种线在并列之后，如同龟背上的龟甲纹。也有人称其为“线桃子”，因为这部分线多且平行排列，如同风筝线桃子。圭线光区域分为上、中、下 3 部分，中间是一个完整的宝剑头，称为圭线光心，上下各为圭线光心的一半。圭线光心的图案可以画西番莲、灵芝、菊花草、卷草等。

3. 盒子、箍头

1）盒子

和玺彩画盒子线由曲线、弧线构成方形、棱形，被称为活盒子或软盒子，内多画龙、凤、西番莲、卷草等纹样。在盒子线的四角，呈三角形的角称为岔角，做法是岔角云或切活。岔角云就是在此绘制彩云图案，多为金琢墨做法，有退晕。切活是先涂刷三青、三绿、丹色作为基底色，运用熟练的功底，用黑色绘制纹样之外的空地，反衬出内部的图案，浅青色岔角为草形图案，浅绿色岔角为水牙形图案，工艺做法比金琢墨简单。

2）箍头

箍头分为素箍头和活箍头。

（1）素箍头。素箍头也称为死箍头，基底色仍设大青色或大绿色，箍头线多为双线沥粉贴金，箍头正中做压黑老线，但黑老线已明显画得较细了。两条箍头线以里，曾一度改拉晕色为拉较细白粉线（指清中期）。清晚期的素箍头线以里，不仅要拉饰较粗的白粉线（称拉大粉），在白线以里，还要拉饰宽于白粉线约两倍的三青或三绿晕色。

（2）活箍头。活箍头分为片金箍头、贯套箍头、万字箍头、吉祥草箍头等。

① 片金箍头内花纹由卷草、西番莲花头构成，纹样内容也有以夔、福、圆寿字构成的，做法多为沥粉贴片金，箍头基底色为大青色或大绿色。

② 贯套箍头内画贯套图案，为多条不同色彩的带子编结成一定格式的花纹，增加和玺彩画精致的效果。贯套箍头又有软硬之分，软贯套箍头为曲线图案，硬贯套箍头为直线图案。箍头大线都做双线沥粉贴金，箍头细部的观头纹样普通为金琢墨攒退做法。配色规则是：青箍头部位画硬贯套图案，带子主要为青色或香色，绿箍头部位画软贯套图案，带子主要为绿色和紫色。

贯套箍头与片金箍头两侧多加连珠带图案，带子为黑色，连珠分别为紫色和香色，其中紫色连珠配软贯套图案，香色连珠配硬贯套图案，各色连珠均退晕而成。

贯套箍头可用于金龙和玺和龙凤和玺彩画格式中，在较早时期龙草和玺也用贯套箍头，现龙草和玺多用素箍头。

③ 万字箍头、吉祥草箍头以纹样内容命名，中间绘制万字纹样或吉祥草纹样。

7.1.4 和玺彩画的分类

和玺彩画也有等级之分，按彩画中所绘制的纹样图案，分为金龙和玺、龙凤和玺、龙凤方心西番莲灵芝找头和玺、金凤和玺、龙草和玺、梵纹龙和玺等。通过纹样进行和玺彩画的分类，不是看单一的某一类或某一个大木构件，而是看梁、檩、枋这些大体量构件的总的纹样内容。

1. 金龙和玺

金龙和玺是和玺彩画中等级最高的一种类型。梁檩枋大木中的方心、找头、盒子及平板枋、垫板、柱头等构件主要绘以龙纹，方心画行龙，正中间是带火焰的宝珠；找头部位画升龙与降龙；盒子多画坐龙，又称团龙。

2. 龙凤和玺

梁檩枋大木中的方心、找头、盒子及平板枋、垫板、柱头等构件主要绘以龙与凤相匹配的纹饰。

3. 龙凤方心西番莲灵芝找头和玺

梁檩枋大木中的方心及盒子绘以龙纹与凤纹，找头分别绘以西番莲及灵芝纹。

4. 金凤和玺

梁檩枋大木的方心、找头、盒子及平板枋等部位主要绘以凤纹。

5. 龙草和玺

梁檩枋大木的方心、找头、盒子及平板枋、垫板等构件均绘以龙纹与法轮吉祥草纹，相互排列组合而成。

6. 梵纹龙和玺

梁檩枋大木的方心、找头、盒子及平板枋等构件均绘以梵纹与龙纹。梵文纹饰仅用于重要佛教庙宇上。

按不同的和玺类型装饰建筑有严明的等级制度。金龙和玺为第一等，只适用于皇帝登基、理政、居住的殿宇及重要坛庙；龙凤和玺、龙凤方心西番莲灵芝找头和玺、金凤和玺为第二等，其中的前两种适用于帝后寝宫及祭天坛庙，金凤和玺适用于皇后寝宫及祭祀后土神坛的主要殿宇；龙草和玺、龙梵和玺为第三等，其中的龙草和玺适用于皇宫的重要宫门及主轴线上的配殿及重要的寺庙殿堂，龙梵和玺仅适用于敕建藏传佛教庙宇的主要建筑。

微课：和玺彩画特征与分类

任务 7.2 和玺彩画绘制工艺

学习目标

知识目标

1. 掌握和玺彩画的工艺流程；
2. 熟悉和玺彩画的各步骤工艺的具体做法。

能力目标

能将和玺彩画的基本工艺做法、不同和玺彩画的工艺差异进行分析总结。

素养目标

1. 树立职业自豪感；

2. 保护传承传统营造技艺。

学习内容与工作任务描述

学习内容

1. 和玺彩画的工艺流程；

2. 和玺彩画的各步骤工艺的具体做法。

工作任务描述

1. 完成工作引导问题；

2. 以小组为单位，搜集资料，将各类和玺彩画的工艺做法进行整理分析，并对比分析不同和玺彩画绘制的工艺差异。

任务分组

班　级		专　业		
组　别		指导老师		
小组成员	组　长	组员 1	组员 2	组员 3
姓　名				
学　号				
任务分工				

工作引导问题

（1）以金龙和玺彩画的梁檩枋大木为例，工艺做法为：基层处理→谱子设计制作→基层二次处理→过谱子→号色→（　　）→（　　）→（　　）→（　　）→拉晕色→打金胶→贴金→拉大粉→行粉→攒色→拉细部黑线→点龙睛→打点活。

（2）基层处理，首先是对木构件表面处理，包括砍、挠、洗、烧、撕缝、楦缝、下竹钉、汁浆；之后进行（　　）工艺，分为麻布地仗和单披灰地仗。

（3）基层二次处理，包含了 3 个工艺，分别是（ ）、（ ）、（ ）。

（4）和玺彩画中龙、凤等纹样部位做法都是（ ）后施以片金工艺。

（5）云纹有金云和彩云两种，金云是（ ），彩云多为（ ）五彩云，有退晕层次。

任务 7.2 答案

工作任务

任务：小组任务

工作内容：小组进行讨论分析，搜集案例与资料。

（1）将和玺彩画的工艺做法进行整理分析。

（2）对比分析不同和玺彩画绘制的工艺差异。

成果要求：以小组为单位提交学习总结报告，图文并茂，可配短视频。

成果展示：每组派 1 名同学进行汇报，以抽查的形式，选择 3～5 组进行汇报。

成果评价：

评价项目	评价标准	参考分值	得分
和玺彩画的主要工序流程	完整精练、逻辑清晰	30	
不同和玺彩画绘制的工艺差异	完整精练、逻辑清晰	30	
报告的规范性	目录清晰，标题规范，字号字体统一	10	
报告的美观性	版式与配色美观，图文并茂	10	
汇报表现	条理清晰，表达流畅，主次分明	20	
总 分		100	

任务知识点

和玺彩画的施工流程非常复杂，不同类型的彩画施工工艺有所差别。

龙、凤等纹样部位都是沥粉后施以贴金工艺；云纹有金云和彩云两种，金云是沥粉贴金，彩云多为金琢墨五彩云，有退晕层次。卷草纹等常见有退晕的做法。不同类型的和玺彩画，施工工序基本一致，以金龙和玺彩画为例，介绍施工工序。

和玺彩画的工艺做法为：基层处理→谱子设计与制作→基层二次处理→过谱子→号色→沥粉→刷大色→抹小色→包黄胶→拉晕色→打金胶→贴金→拉大粉→行粉→攒色→拉

细部黑线→点龙睛→打点活（表 7.1）。

表 7.1　金龙和玺彩画施工工序

序号	工艺名称	详细工艺	工 艺 做 法
1	基层处理	木构件表面处理	砍、挠、洗、烧、撕缝、楦缝、下竹钉、汁浆
		地仗工艺	麻布地仗、单披灰地仗
2	谱子设计与制作	丈量	测量要绘制彩画的各木构件的尺寸
		配纸	一般按构件实际尺寸的 1/2 裁好牛皮纸
		起谱子	在裁剪好的牛皮纸上画好彩画的图案
		扎谱子	将牛皮纸上画好的图案用扎谱子针扎孔
3	基层二次处理	磨生油底	用砂纸打磨已经干透的磨细钻生的地仗
		过水布	用洁净的水布擦拭磨生油底后的施工面
		合操	用较稀的胶矾水加少许深色颜料均匀地涂刷在地仗表面
4	过谱子	分中	构件上面标画出中分线
		拍谱子	将谱子纸铺实于构件表面，用粉包对谱子均匀地拍打
		摊找活	在构件上勾画没拍上的或谱子没绘制的图案纹样
5	号色	号色	在构件上标注后面刷色的颜色的数字代号
6	沥粉	沥大粉	沥双线大粉
		沥中路粉	沥单线大粉
		沥小粉	沥较细的单线条
7	刷大色	刷大色	平涂各种大面积的颜色，多为青色、绿色等
8	抹小色	抹小色	涂小面积的浅色，即贯套箍头、岔角云、五彩云等处全部或局部的晕色
9	包黄胶	包黄胶	在后期贴金部位满描黄胶
10	拉晕色	拉晕色	画主体轮廓大线旁侧或造型边框以里的浅色带，多为三青色、三绿色等
11	打金胶	打金胶	将金胶油抹到需贴金的部位上
12	贴金	贴金	在贴金区域贴金箔
13	拉大粉	拉大粉	画主体轮廓大线的一侧或两侧的白色线条
14	行粉	行粉	金琢墨做法时，贯套箍头、岔角云、五彩云等部位画白线，画龙眼的白色
15	攒色	攒色	金琢墨做法时，对细部图案的局部设色，贯套箍头、岔角云、五彩云等部位画深色部分
16	拉细部黑线	切黑	在切活部位，用墨色进行勾线，使未涂墨的底子部分变成纹饰图案
		拉黑绦	素箍头的正中间画黑色细线
		压黑老	副箍头外侧画黑色带

续表

序号	工艺名称	详细工艺	工艺做法
17	点龙睛	点龙睛	以黑色颜料绘制金龙的眼睛
18	打点活	打点活	对遗漏、脏污等部分进行打点修补

注：

1. 因彩画的局部工艺做法不同，且和玺彩画的类型多样，所以不同类型和玺彩画在工艺上会有一些差异。

2. 上述工艺中，8“抹小色”、14“行粉”、15“攒色”，其实是彩画局部设色工艺中的攒退活，再加上 9“包黄胶”、11“打金胶”、12“贴金”，就成了彩画局部设色工艺中的金琢墨做法。

任务 7.3 基层处理及谱子设计与制作

学习目标

知识目标

1. 熟悉和玺彩画基层处理、基层二次处理的方法；
2. 熟悉额枋木构件和玺彩画的谱子绘制规则。

能力目标

1. 能按照一麻五灰工艺处理木构件；
2. 能设计制作额枋木构件和玺彩画的谱子；
3. 能在做好的地仗上进行基层二次处理。

素养目标

1. 传承传统技艺；
2. 传承中华优秀传统文化。

学习内容与工作任务描述

学习内容

1. 和玺彩画基层处理、基层二次处理的方法；
2. 额枋木构件和玺彩画的谱子绘制规则、流程与方法。

工作任务描述

1. 完成工作引导问题；

2. 按一麻五灰工艺对木构件进行基层处理；

3. 完成谱子的设计与制作；

4. 进行基层二次处理。

任务分组

班　　级		专　　业		
组　　别		指导老师		
小组成员	组　　长	组员 1	组员 2	组员 3
姓　　名				
学　　号				
任务分工				

工作引导问题

（1）在基层处理中，先进行木构件表面处理，对于新木件，主要工艺为：新木件表面处理（挠、砍）→撕缝→（　　）→楦缝→（　　）。

（2）一麻五灰地仗中，5 个灰层分别是：捉缝灰、（　　）、压麻灰、（　　）、细灰。

（3）基层二次处理中包含了磨生油底、过水布、合操 3 个工艺做法，其中用砂纸打磨已经干透的磨细钻生的地仗，称为（　　）。

（4）大木和玺彩画按照分三停做法设计谱子，有箍头（大开间有盒子）、找头、方心，主体大线为（　　）形折线。

（5）各类和玺彩画不同木构件的纹样要求中，椽头做法都是一样的，飞檐椽头做（　　），老檐椽头做（　　）。

任务 7.3 答案

工作任务

任务 1：基层处理

（1）木构件表面处理：新木件表面处理→撕缝→下竹钉→楦缝→汁浆。

（2）一麻五灰地仗：捉缝灰→扫荡灰→使麻→磨麻→压麻灰→中灰→细灰→磨细钻生。

注：工具、材料、具体做法、工艺要求参见本书项目 3 基层处理中的任务 3.2 和任务 3.3。

任务 2：谱子设计与制作

现制作某古建筑额枋上的和玺彩画（图 7.2）谱子，该额枋构件尺寸为 3.6m × 0.3m。

注：可以自行设计其他纹样的金龙和玺彩画的额枋谱子，不需要与范例谱子一模一样。

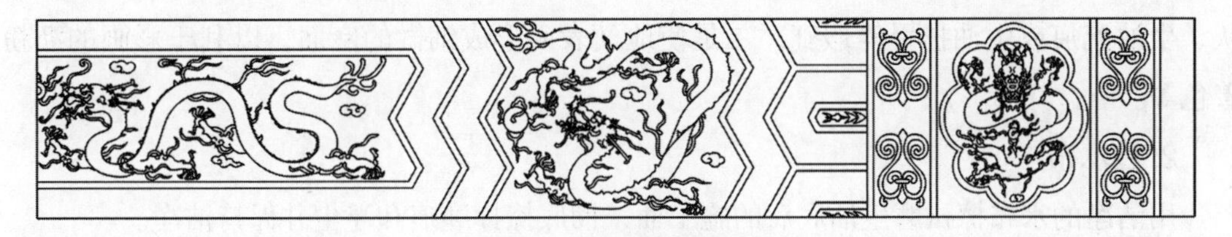

图 7.2　金龙和玺彩画谱子

（1）配纸：构件尺寸为 3.6m × 0.3m，按照其 1/2，即 1.8m × 0.3m 的尺寸裁剪好牛皮纸。

（2）起谱子：先绘制好五大线，然后绘制方心、找头（含圭线光心）、盒子、箍头内的细部花纹（主要是龙纹）。

（3）扎谱子：工具、材料、具体做法、工艺要求参见本书项目 4。

微课：和玺彩画谱子设计与制作

任务 3：基层二次处理

工具：砂纸、水布、刷子、桶。

材料：稀胶矾水、墨汁。

具体做法：

（1）磨生油底。用砂纸打磨已经干透的磨细钻生的地仗。

（2）过水布。用洁净的水布擦拭磨生油底后的施工面。

（3）合操。使用较稀的胶矾水加少许墨汁，均匀地涂刷在地仗表面。

工艺要求：

（1）无论磨生油底还是过水布，都应该做到无遗漏。

（2）稀胶矾水要涂刷均匀，满铺地仗表面。

任务知识点

7.3.1 基层二次处理

1. 磨生油底

用砂纸打磨已经干透的磨细钻生的地仗，作用一是磨去即将施工的彩画地仗表层的浮灰、生油流痕或生油挂甲等瑕疵；二是使地仗表面形成细微的麻面，以利于彩画的沥粉、着色等。

2. 过水布

用洁净的水布擦拭磨生油底后的施工面，彻底擦掉磨痕和浮尘并保持洁净。

3. 合操

合操是用较稀的胶矾水加少许深色（一般为黑色或深蓝色）颜料均匀地涂刷在地仗表面。合操的作用有两个：一是使得经磨生过水已经变浅的地仗色，再由浅返深，利于拍谱子时花纹的显示；二是防止下层地仗的油气上咬，利于保持及体现彩画颜色的干净鲜艳。

胶矾水简称矾水，是胶（传统多选用骨胶）、明矾和水的混合液，可以自行配制，也可以使用成品。涂刷一层矾水后，涂色能够均匀顺畅。胶矾水的配制为先将明矾块砸碎，再用开水化开后加胶液，再加入适量开水，搅拌均匀后即成。胶、矾、水三者的比例要适当，矾水配兑的简单经验：用舌尖舔尝一下矾水，若涩者是矾大；若味苦而矾水颜色偏深浑浊者，是胶大；以带微甜涩者为适宜。

7.3.2 各类和玺彩画不同木构件的纹样要求

古建筑彩画的主要特点表现在较大的木构件上，如檩条、垫板、枋类构件等，这些构件体量大，便于构图，从而形成了各种规格，可提取出具有共同特点的规制，所以本项目选择额枋作为实训任务。

大木和玺彩画按照分三停做法构图，有箍头（大开间有盒子）、找头、方心，主体大线为“⋞”形折线。各类和玺彩画不同部位的纹样特征见表 7.2。

表 7.2 和玺彩画不同部位的纹样特征

序号	项目	和玺彩画类型					
		金龙和玺	龙凤和玺	龙凤方心西番莲灵芝找头和玺	金凤和玺	龙草和玺	龙梵和玺
1	梁、枋方心、盒子、找头	龙纹，沥粉贴金	龙凤纹对称，不同方心分别是龙纹或凤纹；龙凤纹不对称，同一个方心，左龙右凤	同龙凤和玺，但找头心西番莲和灵芝纹	凤纹，沥粉贴金	方心、盒子龙纹，找头心轱辘草纹	方心龙纹或梵文、盒子龙纹，找头心西番莲草纹
2	平板枋	龙纹，沥粉贴金	龙凤纹，沥粉贴金	龙凤纹或工王云	凤纹，沥粉贴金	龙纹，并沥粉贴金做攒退	梵文或金莲献寿图案并沥粉贴金做攒退
3	由额垫板	龙纹或轱辘阴阳草	龙凤纹或轱辘阴阳草	龙纹或轱辘阴阳草	凤纹或轱辘阴阳草	龙纹或轱辘阴阳草	龙纹、梵文、法器或轱辘阴阳草
4	灶火门	龙纹，沥粉贴金	龙凤纹，沥粉贴金；或三宝珠，金琢墨	龙凤纹或三宝珠	凤纹，沥粉贴金；或三宝珠，金琢墨	龙纹片金或三宝珠，沥粉贴金攒退	龙纹片金或三宝珠或梵文
5	宝瓶	满沥粉贴金	满沥粉贴金	满沥粉贴金、章丹宝瓶	满沥粉贴金、章丹宝瓶	满沥粉贴金、章丹宝瓶	满沥粉贴金
6	压斗枋	片金流云或片金工王云等					片金流云或片金工王云或梵文
7	主体大线	片金（含斗拱、角梁等部位造型的轮廓线）					
8	椽头	飞檐椽头做片金万字，老檐椽头做龙眼椽头或片金寿字					
9	角梁	金边、金老、退晕角梁					
10	斗拱	多为平金（不沥粉）					
11	雀替	金琢墨					
12	天花	金琢墨岔角云、片金鼓子心天花；烟琢墨岔角云、片金鼓子心天花					

注：垫拱板是两攒斗拱之间的填空板，宋代称拱眼壁，因其形似灶口，清代工匠形象地称为“灶火门”。

任务 7.4 和玺彩画绘制

学习目标

知识目标

1. 熟悉和玺彩画绘制各步骤的工具材料、具体做法和工艺要求；
2. 掌握和玺彩画各工艺的应用部位。

能力目标

能进行过谱子、号色、沥粉、刷大色、贴金、拉晕色等工艺，完成和玺彩画绘制。

素养目标

1. 培养吃苦耐劳的精神；

2. 传承精湛传统技艺与优秀传统文化。

学习内容与工作任务描述

学习内容

1. 和玺彩画绘制各步骤的工具材料、具体做法和工艺要求；

2. 和玺彩画各工艺的应用部位。

工作任务描述

1. 完成工作引导问题；

2. 完成过谱子、号色、沥粉、刷大色、贴金、拉晕色等各工序。

任务分组

班　级		专　业		
组　别		指导老师		
小组成员	组　长	组员 1	组员 2	组员 3
姓　名				
学　号				
任务分工				

工作引导问题

（1）过谱子是使谱子纸上的彩画纹样转移到（　　）的过程。

（2）分中一般多做在水平大木构件，把水平构件的上下两条边线取中点并连线，此线即为该构件的（　　）。

（3）在古建筑彩画施工涂刷颜色前，按彩画绘制操作流程，需对建筑物全部彩画进行色彩设计，这个环节被称为（　　）。

（4）刷色程序应先刷各种（　　），后刷各种（　　）。

（5）拉晕色是指画主体大线旁侧或造型边框以里与大青色、大绿色相关联的（　　）的浅色带。

任务 7.4 答案

工作任务

项目 7 任务 7.2 中介绍了金龙和玺彩画工艺做法，但是本次绘制的只是某一个额枋，所以有些工序没有体现。本次实训在基层处理与谱子设计制作之后的工序为：过谱子→号色→沥粉→刷大色→包黄胶→拉晕色→打金胶→贴金→拉大粉、行粉→拉细部黑线→点龙睛→打点活。

任务 1：过谱子

工具：尺、粉笔、扎好的谱子、粉包（能透粉的薄布包裹土粉或大白粉等）。

具体做法：

（1）分中。在 3.6m 长的额枋上下两条边上各取 1.8m 的中间点，连成一条中分线。

（2）拍谱子。将 1.8m 长的谱子纸铺实于构件表面，可以多人操作，1～2 人按压谱子纸，1 人拍谱子对齐中分线，用粉包对谱子均匀地拍打，将谱子的纹样印在构件表面，再翻转谱子纸，拍好另一半的纹样。

（3）摊找活。用粉笔在构件上勾画没拍上的或谱子没绘制的图案纹样。

工艺要求：

（1）使用谱子正确，纹样放置端正，左右两半图案主体线路衔接直顺连贯。

（2）花纹粉迹清晰。

任务 2：号色

工具：粉笔。

具体做法：

按照号色规则，将颜色标注在额枋上。

工艺要求：

号色正确。

任务 3：沥粉

（1）沥大粉（五大线）。

（2）沥中路粉（单线大粉）。

（3）沥小粉（细部纹样）。

注：工具、材料、具体做法、工艺要求参见本书项目 5。

任务 4：刷大色

工具：刷子或大号油画笔、颜料碟。

材料：调好的洋绿颜料、调好的群青颜料。

具体做法：

平涂底色，主要是青绿色等大面积的色块（一般先绿后青再其他）。

工艺要求：

（1）均匀平整，严实饱满，不透地虚花，无刷痕及颜色坠流痕迹，无漏刷。

（2）颜色干后结实，手触摸不落色粉。

（3）颜色干燥后在刷色面上再重叠涂刷其他色时，两色之间不混色。

（4）刷色边缘直线直顺、曲线圆润、衔接处自然美观。

任务 5：包黄胶

工具：中小号油画笔、颜料碟。

材料：黄色颜料、白乳胶。

具体做法：

用中小号油画笔，蘸取调好的黄胶（以黄色颜料加白乳胶调和），刷在需要贴金的部位。

工艺要求：

包黄胶应做到用色纯正，位置范围准确，包严包到，包至沥粉的外缘，涂刷整齐平整，无流坠，无起皱，无漏包，厚薄均匀，不沾污其他画面。

任务 6：拉晕色

工具：大号油画笔、颜料碟、尺。

材料：调好的三绿颜料、调好的三青颜料。

具体做法：

（1）将三绿颜料倒入颜料碟，用刷子或大号油画笔平涂三绿颜料。

（2）涂刷三青颜料。

工艺要求：

（1）均匀平整，严实饱满，不透地虚花，无刷痕及颜色坠流痕迹，无漏刷。

（2）颜色干后结实，手触摸不落色粉。

（3）凡直线都要求依直尺操作（弧形构件必须依弧形曲尺），晕色边缘直线直顺、曲线圆润、衔接处自然美观。

任务 7：打金胶

工具：中小号油画笔、颜料碟。

材料：金胶油。

具体做法：

用油画笔将金胶油抹到需贴金的部位上。

工艺要求：

打金胶应做到用色纯正，位置范围准确，包严包到，包至沥粉的外缘，涂刷整齐平整，无流坠，无起皱，无遗漏，厚薄均匀，不沾污其他画面。

任务 8：贴金

工具：金夹子。

材料：金箔、棉花。

具体做法：

（1）按图案及线条的大小、宽窄，将带护金纸的金箔撕成不同宽度的“条”，每条宽度略宽于图案。图案体量大时可以不撕，整张使用。

（2）用金夹子连同护金纸将金箔夹出，迅速准确地贴到图案上，同时用手指按实，手脱离后，护金纸自动飘离，金箔牢固地粘上。

（3）用棉花轻轻地将贴过的金满拢一下，肘齐，肘的当中要微微带有揉的动作，将一些飞金、碎金揉碎，肘至未贴到或花着的微小缝隙内。

工艺要求：

贴金要求粘贴严实，无錾口、不花、完整、光亮一致。

任务 9：拉大粉、行粉

工具：小号油画笔、颜料碟、尺。

材料：调好的白色颜料。

具体做法：

将白色颜料倒入颜料碟，用小号油画笔画较粗的白色曲、直线条，画龙眼的白色。

工艺要求：

（1）凡直线都要求依直尺操作（弧形构件必须依弧形曲尺），直线条，直顺无偏斜、宽度一致；曲形线条弧度一致、对称、转折处自然美观。

（2）均匀饱满，无虚花透地，无明显接头，无起翘脱落，无遗漏。

（3）颜色干后结实，手触摸不落色粉。

任务 10：拉细部黑线、点龙睛

工具：小号毛笔、颜料碟、尺。

材料：调好的黑色颜料。

具体做法：

（1）切黑。在切活部位，用墨色进行勾线，使未涂墨的底子部分变成纹饰图案。

（2）拉黑绦。素箍头正中画细黑线。

（3）压黑老。副箍头外侧画黑色带。

（4）点龙睛。以黑色点龙眼睛的黑眼珠。

工艺要求：

（1）凡直线都要求依直尺操作（弧形构件必须依弧形曲尺），直线条，直顺无偏斜、宽度一致；曲形线条弧度一致、对称、转折处自然美观。

（2）均匀饱满，无虚花透地，无明显接头，无起翘脱落，无遗漏。

（3）颜色干后结实，手触摸不落色粉。

注：本额枋和玺彩画，切黑、拉黑绦、压黑老根据谱子的不同，可能只有其中的一、两个工序。

任务 11：打点活

工具：小号毛笔、颜料碟。

材料：调好的各色颜料。

具体做法：

打点找补遗漏之处。

工艺要求：

（1）所找补打点的色必须用原工艺的颜料。

（2）不能在打点处出现“贴膏药”的现象。

微课：和玺彩画绘制

任务知识点

7.4.1 过谱子

过谱子是使谱子纸（牛皮纸）上的彩画纹样转移到木构件表面的过程。

1. 分中

分中是在构件上面标画出中分线，一般多做在水平大木构件，把水平构件的上下两条边线取中点并连线，此线即为该构件的中分线。同一个开间立面，长度大体相同的各个构件（如上下相邻的檩、垫、枋）的分中，以最上端构件的分中线为准，向其下作垂直线，为该间各构件的分中线。构件的分中线，即彩画纹样左右对称的轴线，是专为拍谱子标示所必须依照的位置线，一经刷色便不复存在。

2. 拍谱子

拍谱子也称为打谱子，将谱子纸铺实于构件表面，用粉包对谱子均匀地反复拍打，使粉包中的土粉或大白粉透过谱子的针孔将谱子的纹样印在构件表面。因为画谱子只画一半，所以拍谱子也要分两次进行，才能在整个木构件上印好纹样。

3. 摊找活

彩画中大量复杂重复的图案均在拍谱子时解决，但也有些构件比较简单，事前不起扎谱子，而直接在构件上勾画轮廓线，某些构件造型起伏较大，拍谱子也不方便，只能将图案画在构件上，另外在打过谱子的地方不免有粉迹不清楚之处，不便于以后工序的进行；还有个别部位图案为大体对称，局部不对称的情况，这些均需在拍谱子之后解决，即用粉笔直接在构件上表示，描绘清楚，称摊找活。

7.4.2 号色

在古建筑彩画施工涂刷颜色前，按彩画绘制操作流程，需对建筑物全部彩画进行色彩设计，这个环节被称为“号色”。由于彩画图案繁密复杂，施工时色彩很容易出现差错，为保证色彩关系正确，在构件的图案之间和谱子纹样之中标以颜色代码，以确保色彩关系无误。汉字笔画多，为快捷准确表达，使用中文数字等作为颜色代码代替汉字（色彩编号见项目 6 任务 6.3）。

7.4.3 刷色

刷色即平涂各种颜色。刷色包括刷大色、二色、三色、抹小色、剔填色、掏刷色。

刷色程序应先刷各种大色，后刷各种小色。刷青绿主要大色，应先刷绿色后刷青色，因洋绿色性质呈细颗粒状，入胶后易沉淀，又因其遮盖力稍差，用作涂刷基底大色时，一般要求涂刷两遍成活。

银朱色性质呈半透明、遮盖力较差，用作涂刷基底大色时，必须先在底层垫刷章丹色，再在面层罩刷银朱色。

7.4.4 贴金

贴金分为3个过程，分别是包黄胶、打金胶和贴金。

1. 包黄胶

包黄胶简称包胶。包黄胶的传统做法是包黄色色胶（用传统黄色颜料加骨胶调成），现在多包黄色油胶（黄色树脂漆或黄色酚醛漆等）。

包黄胶的作用如下。①为彩画的贴金奠定基础，通过包黄胶，可阻止下层的颜色对上层金胶油的吸收，利于金胶油的饱满，有效地衬托贴金的光泽。②向贴金者标示出打金胶及贴金的准确位置范围。

2. 打金胶

将金胶油抹到需贴金的部位上的工艺称"打金胶"。金胶油是以光油为基料，加入适量糊粉（经过焙炒的铅粉）调制的淡黄色贴金专用油。因彩画颜料多为水性胶与粉料合成，干后色彩渗油，打金胶后油膜丰满程度和黏度均达不到贴金要求，所以在彩画上进行打金胶，传统均打两道金胶油，现在彩画工艺已将包胶工序改为油质涂料，已起到打一道金胶的作用，故只需打一道金胶油。

打金胶是一项费时细致的工作，贴金的整齐与否决定于此工序的细致与否。

3. 贴金

贴金之前要先试金胶油的干燥程度，即黏性。其操作方法为：以手触碰油膜，油膜发黏，但又不粘手。除有粘声外，手上并无油迹。进一步用金箔实贴试验，如果金箔能够很轻易地粘到油膜上，而护金纸却很自然地飘离，这时贴金为合适。如果用棉花轻轻擦拭贴过的金箔，金箔极为光亮、均匀，无漏金胶油处，而且不粘棉花，说明金胶油黏性极为合适。如果用力贴、按，金也粘贴不实，再用棉花擦过，部分金箔被擦下，说明金胶油已干燥过度，俗称"老"；反之如果将护金纸也粘上，而且用棉花擦后，棉绒被油粘下来，金箔也被擦混、不亮，说明油尚"嫩"。过老过嫩都会影响金箔的质量，过老虽亮，但不均，易"花"，过嫩金箔不亮。

因贴金时金夹子易碰到金胶油，导致金夹子吸金时，使金箔粘到上面，而损坏金箔。可用大白粉或滑石粉擦拭，使之变滑。

7.4.5 拉晕色

晕色是对彩画的各种明度变化色系的总称。晕色是色相上基本相似，而明度和纯度有明显差别的颜色。凡晕色，其颜色明度必须浅于该色相的深色，例如，三青作为一种浅青色，与大青色相一致，则可以作为大青色的晕色。粉红作为一种浅红与朱红色相基本相同，粉红则可作为纯度较高朱红的晕色。

所谓拉晕色，是指画主体大线旁侧或造型边框以里与大青色、大绿色相关联的三青色（或粉三青色）及三绿色（或粉三绿色）的浅色带。

晕色可起到对深色调柔化处理的艺术效果。而对整体彩画而言，则可起到丰富彩画的层次，使纹样的表现更加细腻、提高整体色彩的明度、弱化色彩对比的效果，使整体色彩效果趋向柔和统一。

7.4.6　拉大粉

拉大粉是用画刷在彩画中画较粗的白色曲、直线条。此类白色线条呈现于彩画的黑色、金色、黄色的主体轮廓大线的一侧或两侧。白色被称为极色，明度最高，可令大线更为醒目，同时也起晕色作用，若在金色大线旁拉大粉，还可以起到齐金的作用。

由于大粉是依附在各色大线旁的，所以拉大粉必须在结构黑线、金线或黄线完成以后才可进行。另外，凡在金线旁做晕色的，须待金线及晕色两项工艺完成后才可拉大粉。

7.4.7　拉细部黑线

拉细部黑线有切黑、拉黑绦、压黑老等环节。

1. 切黑

切黑是切活做法，在青色、绿色或丹色的底子上用墨色进行勾线，使未涂墨的底子部分变成纹饰图案，涂墨的地子变成纹饰的衬底。例如，在旋子彩画的活盒子的四个岔角做切活卷草或切活水纹。

2. 拉黑绦

在各木件相接的秧角处，用墨色画出一条细线，使彩画部位分明、整齐，此操作称为拉黑绦。操作时须比靠尺棍，要求线条挺直，宽窄一致。

3. 压黑老

压黑老是最后画上去的黑色部分，多用于箍头、角梁、斗拱以及雅伍墨的一字方心等部位，有的面积较大，有的仅为一条细线。操作时直线须比靠尺棍，要求线条平直，色块端正。

7.4.8　打点活

古建筑彩画是大面积、整体流水作业，而且是在架上作业，与不同工种交叉作业，由于环境的因素，大部分彩画施工不可避免地会发生个别部位、个别图案、个别工艺遗漏的现象，同时图案上也有色彩、油漆、灰迹等被脏污的现象。这些均需在彩画施工完全结束前进行检查修补。打点找补所用色彩用量本都不大，但由于打点后往往会与原来的色不符，所以，选用颜料要干净，颜料的入胶量要适度，胶量过大或过小、胶的成分不同、色彩不干净均会使打点处出现“贴膏药”的现象，因此找补的体量不宜过大。所找补打点的色必须用原工艺的颜料。

任务 7.5 和玺彩画质量验收

学习目标

知识目标

1. 了解和玺彩画验收准备的各项要求；
2. 熟悉和玺彩画质量验收的各项内容与标准。

能力目标

能够按照质量验收标准对和玺彩画进行验收打分。

素养目标

1. 科学严谨分析，树立高标准的质量控制意识；
2. 培养精益求精的工匠精神。

学习内容与工作任务描述

学习内容

1. 和玺彩画验收准备的内容；
2. 和玺彩画质量验收的各项内容与标准。

工作任务描述

1. 做好验收准备要求的各项内容；
2. 按照验收标准完成和玺彩画的质量验收。

任务分组

班　　级		专　　业		
组　　别		指导老师		
小组成员	组　　长	组员 1	组员 2	组员 3
姓　　名				
学　　号				
任务分工				

工作任务

任务 1：验收准备

（1）全部设计资料（图纸、文字、画稿、谱子）。

（2）各种材料的合格证、质量保证书、试验报告。

（3）全部分部工程、分项工程、隐蔽工程验收资料（如地仗验收单、刷色验收单、贴金验收单等）。

（4）施工记录（施工过程中各个工序的做法资料，包括文字和视频记录）。

（5）若为修缮项目，则还需提供对原彩画的调查资料、修复前的现状资料（照片、图纸、文字资料）。

任务 2：和玺彩画质量验收

和玺彩画工程验收要求如下。

（1）检查数量：上下架大木彩画应按有代表性的自然间抽查 20%，但不少于 5 间，不足 5 间全检；椽头彩画应按 10% 检查或连续检查不少于 10 对（共 20 个）；斗拱彩画应按有代表性的拱各选两攒（每攒按单面算）检查，但不少于 6 攒；天花、支条彩画应按 10% 检查，但不得小于 10 个井或两行；楣子应任选一间检查；牙子、雀替、花活、圈口彩画应各选一对检查。彩画的修复工程应逐处检查。

（2）彩画所选用各种材料的品种、规格、质量、色彩应符合设计要求和有关材料规范标准的规定。

（3）各种彩画的图案用色应符合设计要求或画稿、小样的要求。

（4）各种彩画施工的方法和程序应符合《古建筑修建工程施工与质量验收规范》（JGJ 159—2008）和《建筑工程施工质量验收统一标准》（GB 50300—2013）的规定。

（5）彩画的检查方法，一般为观察检查，必要时增加拉线、敲击、尺量检查。

和玺彩画验收见表 7.3。

表 7.3　和玺彩画验收表

序号	项　目	质量要求	满分分值	学生评价（30%）	企业导师评价（30%）	校内教师评价（40%）
1	沥粉	光滑，饱满，直顺，无刀子粉、疙瘩粉、瘪粉、麻渣粉，主要线头无明显接头	20			
2	各色线直顺度（梁枋五大线、晕色、大粉、黑色）	线条准确直顺，宽窄一致，无搭接错位、离缝现象，棱角整齐方正	15			
3	色彩均匀度（底色、晕色、大粉、黑色）	色彩均匀，足实，不透地虚花，无混色现象	15			
4	局部图案整齐度（方心、找头、盒子，箍头等）	图案工整规则，大小一致，风格均匀，色彩鲜明清楚，运笔准确到位，线条清晰流畅	15			
5	洁净度	洁净，无脏污及明显修补痕迹	15			
6	艺术形象（主要指绘画水平，如方心、找头、盒子，箍头等）	绘画逼真，形象生动，能较好地体现绘画主题，退晕整齐，层次清楚，无靠色、跳色等现象	20			
合计			100			

项目 7　工作小结

（工作难点、重点、反思）

项目 8　旋子彩画

旋子彩画因在找头内使用了带卷涡纹的花瓣，即所谓旋子而得名。旋子彩画最早出现于元代，明初即基本定型，清代进一步程式化，是明清时期建筑中运用最为广泛的彩画类型。主要用于一般宫殿、官衙、庙宇、城楼、牌楼和主殿堂的附属建筑及配殿上，是常用的殿式彩画，其等级低于和玺彩画。旋子彩画的效果从辉煌华丽到简单素雅，分成若干等级。

任务 8.1　旋子彩画特征与分类

学习目标

知识目标

1. 了解旋子彩画的地位、用途与演变；
2. 熟悉旋子彩画的构图布局特征；
3. 熟悉旋子彩画的分类。

能力目标

能总结各朝代旋子彩画的特征、旋子彩画构图布局特征、各类旋子彩画的特点。

素养目标

1. 以美育人，欣赏古建筑彩画之美；
2. 培养精益求精的工匠精神。

学习内容与工作任务描述

学习内容

1. 旋子彩画的地位、用途与演变；
2. 旋子彩画的构图布局特征；
3. 旋子彩画的分类及特点。

工作任务描述

1. 完成工作引导问题；

2. 以小组为单位，搜集资料，提炼元代、明代、清代旋子彩画的特征，总结提炼旋子彩画的构图布局特征，总结对比各类旋子彩画的主要特点。

任务分组

班　　级		专　业		
组　　别		指导老师		
小组成员	组　　长	组员 1	组员 2	组员 3
姓　　名				
学　　号				
任务分工				

工作引导问题

（1）旋子彩画最大的特点是在找头内使用了（　　），俗称“学子”“蜈蚣圈”，即所谓旋子、旋花。

（2）旋子彩画呈现三段式的布局，由（　　）组成。分隔各部位的主要线条有方心线、岔口线、皮条线、箍头线和盒子线。

（3）旋花在找头的构图格式以一个整圆连接两个半圆为基本模式，彩画称这种格式为（　　）。

（4）旋花在找头的构图格式有（　　）、（　　）、一整两破、一整两破加一路、加金道冠、加两路和两整两破、数整数破等。

（5）旋子彩画按沥粉贴金的多少，退晕的有无，依次可分为（　　　　）。

任务 8.1 答案

工作任务

任务：小组任务

工作任务：小组进行讨论分析，搜集案例与资料。

（1）根据旋子彩画的演变，总结提炼元代、明代、清代旋子彩画的特征。

（2）总结提炼旋子彩画的构图布局特征。

（3）归纳总结旋子彩画的分类，以精练的语言描述出不同类型的主要特征。

成果要求：以小组为单位提交学习总结报告，图文并茂，可配短视频。

成果展示：每组派 1 名同学进行汇报，以抽查的形式，选择 3~5 组进行汇报。

成果评价：

评价项目	评价标准	参考分值	得分
旋子彩画的演变	完整精练、逻辑清晰	20	
旋子彩画的构图布局特征	完整精练、逻辑清晰	20	
旋子彩画的分类及特点	完整精练、逻辑清晰	20	
报告的规范性	目录清晰，标题规范，字号字体统一	10	
报告的美观性	版式与配色美观，图文并茂	10	
汇报表现	条理清晰，表达流畅，主次分明	20	
总　分		100	

任务知识点

8.1.1　旋子彩画概述

1. 旋子彩画定义

旋子彩画最大的特点是在找头内使用了带卷涡纹的花瓣图案，俗称“学子”“蜈蚣圈”，即所谓旋子、旋花。

旋子彩画在大局上体现了整体图案规划布局的条理，色调浓艳浑厚。在用色技法上多以大面积的平涂，局部加以攒退叠晕及五彩图案绘制，配衬在整个建筑上，既有金碧辉煌，又有清淡素雅的建筑风格。这种彩画在明、清两代盛行。

2. 旋子彩画的地位

旋子彩画是明清官式建筑中运用最为广泛的彩画类型，等级仅次于和玺彩画。

3. 旋子彩画的用途

旋子彩画分若干等级，应用范围很广，主要用于一般宫殿、官衙、庙宇、城楼、牌楼和主殿堂的附属建筑及配殿上。

8.1.2 旋子彩画的演变

旋子彩画最早出现于元代，明初即基本定型，清代进一步程式化。

元代旋子初步形成，尚未定型（未形成规矩，无环状旋子花格式和一整两破图案布局）但对明清旋子彩画起到了奠基作用。

明代迁都北京后开始大兴宫殿及寺庙建筑。旋子彩画用金量较小，图案较简单，为一般庙寺祠堂建筑彩画。从此彩画工艺在建筑上的应用逐步扩大，图案题材多变，为建筑彩画的发展创造了条件。如北京法海寺、智化寺，以及府学胡同文天祥祠等建筑都属于这个时期的旋子彩画。

清代旋子彩画在明代旋子彩画上进一步发展，成为当时寺庙建筑彩绘的主要形式。为了适应时代发展的需要，更进一步加强了规制。无论是图案的线路、做法、设色，还是题材以及用金量的多寡都有严格的等级标准，因此，多年来画作工匠称旋子彩画为“规矩活”。

8.1.3 旋子彩画的构图布局特征

从总体上来说，旋子彩画呈现三段式的布局，由方心、找头、盒子组成，在盒子的两端，有箍头。分隔各部位的主要线条有方心线、岔口线、皮条线、箍头线和盒子线，被称为五大线。其中，方心线多为莲瓣形，岔口线、皮条线为剑头形（“^”形），盒子线有直线或曲线，箍头线为竖线（图 8.1）。

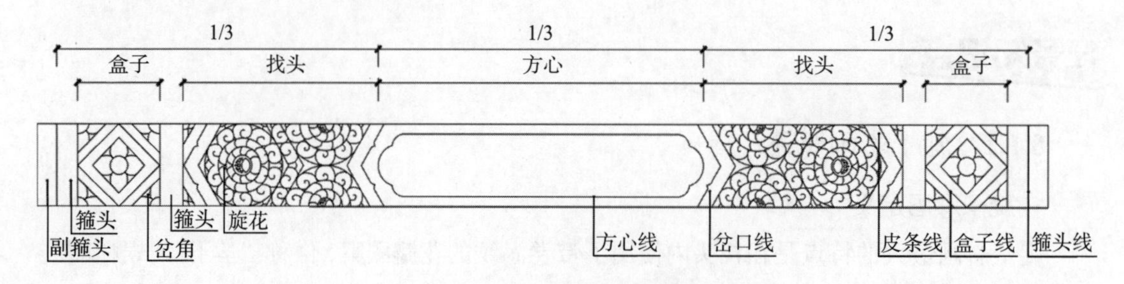

图 8.1 旋子彩画各部位组成

1. 方心

方心位于构件的中心部位，方心图案：清代旋子彩画方心中可绘制龙、凤、锦纹、夔龙、一字、花卉、梵文、博古或空白等。

大小额枋构件方心图案：其规格同和玺彩画，如大额枋画龙，则小额枋画锦，上下可调换。明间、次间、稍间、尽间依次调换。并规定青地画龙，绿地画锦。

2. 找头

1）旋花的结构

旋花由一路瓣、二路瓣、三路瓣、旋眼、菱角地、宝剑头、支花组成（图 8.2）。

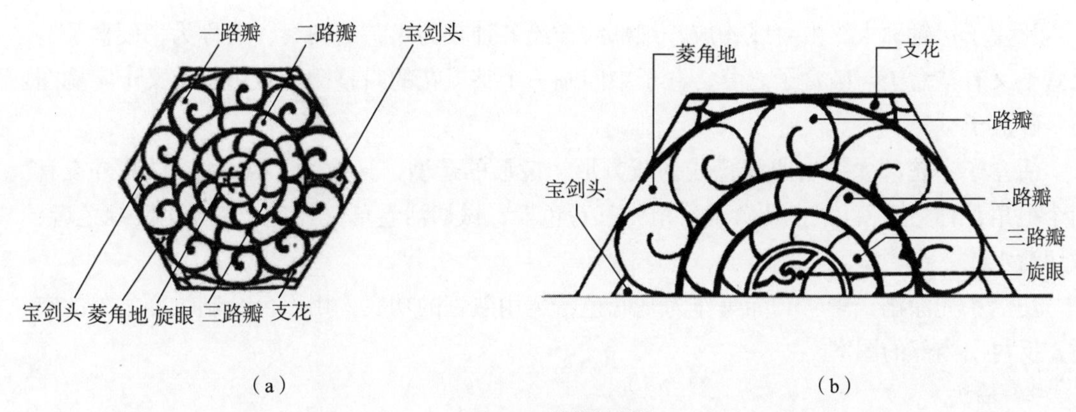

图 8.2 旋花的结构

一路瓣：旋花最外一层花瓣最大，为涡卷瓣造型，称一路瓣。整周花瓣由中线向上下两侧翻，每侧个数不等，有 4 个、5 个、6 个，大多为 5 个，6 个以上较少。由于上下对称，整周一路瓣为双数。

二路瓣：一路瓣之内为二路瓣，较小的旋子只有这两路花瓣。整周花瓣由中线向上下两侧翻，上下对称，由简单的几何线条划分旋瓣，翻至中间，相邻的两个花瓣为心形。二路瓣的个数与一路瓣的个数相等。

三路瓣：二路瓣之内为三路瓣，在较大体量的旋花中有三路瓣，整周花瓣由中线向上下两侧翻，上下对称，造型与二路瓣相同，只是翻至中间，变为一个心形的花瓣。整周瓣数比第一、二路少一瓣，为单数。

旋眼：旋花的中心为小圆饼式的花心，正圆形，内部简化为一托二瓣，称旋眼。

菱角地：一路各瓣之间形成的三角形空地称菱角地。

宝剑头：在旋花上下中线的两端头处，有两个尖角形空地，称宝剑头。

支花：在找头中，各旋花外圆之间形成的空地所画图案为支花（栀花），支花由花瓣和支花心组成。

2）旋花图案

旋花在找头的构图格式以一个整圆连接两个半圆为基本模式，彩画称这种格式为一整两破。找头长短不同可以一整两破为基础进行变通运用，如找头长需增加旋子的内容，找头短可用一整两破逐步重叠。旋花图案分为勾丝咬、喜相逢、一整两破、一整两破加一路、加金道冠、加两路和两整两破、数整数破等。在极短的构件上可画 1/4 旋子或支花。

3. 盒子、箍头

1）盒子

盒子是旋子彩画的纹样造型之一。凡建筑开间较大者，如明间、次间的檩、枋及内檐较大进深间的架梁等，在构件的两端，由两条箍头相夹的方形或长方形的区域内都画盒子。

古建筑旋子彩画盒子种类分两类：死盒子与活盒子。

死盒子：轮廓大线由直线构成，细部纹样绘各种较为粗犷的图案，又称为“硬盒子”。死盒子又有整盒子与破盒子之分，盒子中间画一个整支花的叫整盒子，用斜交叉十字构图的是破盒子。

活盒子：轮廓大线由曲线弧线构成方形、棱形的造型，又称为“软盒子”，其外设有四个抱角，称为“岔角”。凡盒子岔角为三青色者，做切活卷草；凡盒子岔角为三绿色者，做切活水纹。

切活：先涂刷二青、二绿等作为基底色，运用熟练的功底，用黑色绘制纹样之外的空地，反衬出内部的图案。

2）箍头

箍头分为素箍头与活箍头。

素箍头：也称为死箍头，基底色仍设大青色或大绿色，箍头线多为双线沥粉贴金，箍头正中做压黑老线，但黑老线已明显画得较细了。两条箍头线以里，曾一度改拉晕色为拉较细白粉线（指清中期）。清晚期的素箍头线以里，不仅要拉饰较粗的白粉线（称拉大粉），在白线以里，还要拉饰宽于白粉线约两倍的三青或三绿晕色。

活箍头：分为贯套箍头和福寿箍头、万字箍头等。

贯套箍头内画贯套图案，为多条不同色彩的带子编结成一定格式的花纹，增加旋子彩画精致的效果。贯套箍头又有软硬之分，软贯套为曲线图案，硬贯套为直线图案。箍头大线都做双线沥粉贴金，箍头细部的纹样普遍为金琢墨攒退做法。贯套图案的配色规则是：青箍头部位画硬贯套图案，带子主要色彩为青色或香色，绿箍头部位画软贯套图案，带子主要为绿色和紫色。

福寿箍头、万字箍头以纹样内容命名，中间绘制夔、福、圆寿字或万字等相衬的图样，做法多为沥粉贴片金。箍头基底为大青色或大绿色。

8.1.4 旋子彩画的分类

旋子彩画也有等级之分，主要是根据用金量多少来区分的。按沥粉贴金的多少，退晕的有无，依次可分为：浑金、金琢墨石碾玉、烟琢墨石碾玉、金线大点金、墨线大点金、金线小点金、墨线小点金、雅伍墨、雄黄玉（表 8.1）。

表 8.1 旋子彩画等级分类

旋子彩画类型		等级	适用建筑	特点
浑金彩画		最高等	最高等建筑	全部贴金箔
琢墨彩画	金琢墨石碾玉	上等	高等建筑	贴金部位较多
	烟琢墨石碾玉			
点金彩画	金线大点金	中等	适用建筑等级由上至下依次降低	贴金范围由上至下依次减少
	墨线大点金			
	金线小点金			
	墨线小点金			

续表

旋子彩画类型		等级	适用建筑	特　点
无金彩画	雅伍墨	下等	藏经楼与书房	不用金箔
	雄黄玉		配殿，配房及城角楼	

1. 浑金旋子彩画

其所有纹样皆用沥粉线显示，整个画面不敷色彩，全部贴金箔。

2. 金琢墨石碾玉旋子彩画

其方心、盒子内绘龙纹、夔龙纹、凤纹等纹样。主体框架线及细部纹样均用沥粉做法，然后遍贴金箔。主体框架线及旋花全部为青绿叠晕做法。

3. 烟琢墨石碾玉旋子彩画

其方心、盒子内的细部纹样基本上与金琢墨石碾玉旋子彩画相同，也有采用素方心和死盒子的实例。主体框架线及找头中的旋眼、菱角地、支花心和方心、盒子内的纹样均采用沥粉贴金做法。旋花、支花的边线皆为墨线，主体框架线及旋花全部为青绿叠晕做法。

4. 金线大点金旋子彩画

其方心内的纹样基本上以龙纹和锦纹为主，两种纹样匹配组合，专业术语称为“龙锦方心”，也有只用龙纹的。盒子内的纹样多采用龙纹和西番莲纹匹配组合。主体框架线及找头中的旋眼、菱角地、支花心和方心的龙纹、锦纹中的部分花纹及盒子内的龙纹，西番莲纹均采用沥粉贴金做法。主体框架线为青绿色叠晕做法，旋花和支花只在青绿底色之上用黑色勾勒边线，然后沿边线内侧描一道白色粉线。

5. 墨线大点金旋子彩画

其方心内多数不布置细部纹样，个别实例也有绘龙纹、锦纹的。盒子多为“死盒子”，旋眼、菱角地、支花心沥粉贴金（如方心内绘龙纹、锦纹或西番莲纹全部或局部贴金箔）。主体框架线及旋花、支花皆为墨线，边线一侧描绘一道白色粉线。

6. 金线小点金旋子彩画

其方心内多绘夔龙纹（攒退做法）和绿地墨叶子花卉，两种纹样匹配组合，专业术语称为“夔龙、花卉方心”。也有不布置细部花纹的素方心做法，盒子一般为“死盒子”，贴金只限于旋眼和支花心两部分。主体框架线为金线，旋花（包括菱角地在内）只在青绿底色之上用黑色勾勒成纹，边线一侧描一道白色粉线。

7. 墨线小点金

其轮廓线均用墨线，仅旋眼和支花心点金。

8. 雅伍墨旋子彩画

其纹样与小点金相同，只是不贴金箔，细部做法也与小点金相同。

9. 雄黄玉旋子彩画

其纹样与低等级的旋子彩画是一致的，多为素方心、死盒子做法。这种彩画在设色方面与其他旋子彩画差别极大。它的主体颜色不是青色、绿色，而是一律以雄黄色做底色，然后用白色勾绘主体框架线和旋花、支花纹。凡表示为青色部分只沿边线叠一道浅青色的晕色，其上再绘道青色浅线。凡表示为绿色部分也和表示青色一样，以深浅绿色表示。雄黄玉彩画一般不贴金箔。

微课：旋子彩画特征与分类

任务 8.2 旋子彩画绘制工艺

学习目标

知识目标

1. 掌握旋子彩画的工艺流程；
2. 熟悉旋子彩画的各步骤工艺的具体做法。

能力目标

能将旋子彩画的基本工艺做法、不同旋子彩画的工艺差异进行分析总结。

素养目标

1. 传承中华优秀传统文化；
2. 培养严谨务实、创新的工匠精神。

学习内容与工作任务描述

学习内容

1. 旋子彩画的工艺流程；
2. 旋子彩画的各步骤工艺的具体做法。

工作任务描述

1. 完成工作引导问题；

2. 以小组为单位，搜集资料，将各类旋子彩画的工艺做法进行整理分析，并对比分析不同旋子彩画绘制的工艺差异。

任务分组

班 级		专 业		
组 别		指导老师		
小组成员	组 长	组员 1	组员 2	组员 3
姓 名				
学 号				
任务分工				

工作引导问题

（1）浑金旋子彩画虽然等级最高，但是因为（　　），做法相对而言最简单。

（2）以金线大点金旋子彩画梁檩枋大木为例，工艺做法为：基层处理→谱子设计与制作→基层二次处理→过谱子→号色→（　　）→（　　）→（　　）→（　　）→（　　）→拉结构黑线→拉晕色→（　　）→拉大粉→拉细部黑线→点龙睛→打点活。

（3）谱子设计与制作，包含了 4 个工艺，分别是:（　　）、（　　）、（　　）、（　　）。

（4）贴金的整个过程包含了 3 个工艺，分别是:（　　）、（　　）、（　　）。

（5）雄黄玉和雅伍墨旋子彩画，因不用金，所以不需要（　　）。

任务 8.2 答案

工作任务

任务：小组任务

工作内容：小组进行讨论分析，搜集案例与资料。

（1）将旋子彩画的工艺做法进行整理分析。

（2）对比分析不同旋子彩画绘制的工艺差异。

成果要求：以小组为单位提交学习总结报告，图文并茂，可配短视频。

成果展示：每组派 1 名同学进行汇报，以抽查的形式，选择 3～5 组进行汇报。

成果评价：

评价项目	评价标准	参考分值	得分
旋子彩画的主要工序流程	完整精练、逻辑清晰	30	
不同旋子彩画绘制的工艺差异	完整精练、逻辑清晰	30	
报告的规范性	目录清晰，标题规范，字号字体统一	10	
报告的美观性	版式与配色美观，图文并茂	10	
汇报表现	条理清晰，表达流畅，主次分明	20	
总　分		100	

任务知识点

旋子彩画的施工流程非常复杂，不同类型的彩画施工工艺有差别。

浑金旋子彩画虽然等级最高，但是因为满贴金，做法相对而言最简单，雄黄玉和雅伍墨旋子彩画，因不用金，所以不需要贴金（无包黄胶、打金胶、贴金工序）。其他类型的旋子彩画都是局部贴金，工艺流程相似，以金线大点金旋子彩画为例，介绍施工工序。

旋子彩画的工艺做法为：基层处理→谱子设计与制作→基层二次处理→过谱子→号色→沥粉→刷大色→包黄胶→打金胶→贴金→拉结构黑线→拉晕色→吃小晕→拉大粉→拉细部黑线→点龙睛→打点活（表 8.2）。

表 8.2　金线大点金旋子彩画施工工序

序号	工艺名称	详细工艺	工 艺 做 法
1	基层处理	木构件表面处理	砍、挠、洗、烧、撕缝、楦缝、下竹钉、汁浆
		地仗工艺	麻布地仗、单披灰地仗
2	谱子设计与制作	丈量	测量要绘制彩画的各木构件的尺寸
		配纸	一般按构件实际尺寸的 1/2 裁好牛皮纸
		起谱子	在裁剪好的牛皮纸上画好彩画的图案
		扎谱子	将牛皮纸上画好的图案用扎谱子针扎孔
3	基层二次处理	磨生油底	用砂纸打磨已经干透的磨细钻生的地仗
		过水布	用洁净的水布擦拭磨生油底后的施工面
		合操	用较稀的胶矾水加少许深色颜料均匀地涂刷在地仗表面

续表

序号	工艺名称	详细工艺	工 艺 做 法
4	过谱子	分中	构件上面标画出中分线
		拍谱子	将谱子纸铺实于构件表面，用粉包对谱子均匀地拍打
		摊找活	在构件上勾画没拍上的或谱子没绘制的图案纹样
5	号色	号色	在构件上标注后面刷色的颜色的数字代号
6	沥粉	沥大粉	沥双线大粉
		沥中路粉	沥单线大粉
		沥小粉	沥较细的单线条
7	刷大色	刷大色	平涂各种大面积的颜色，多为青色、绿色等
8	包黄胶	包黄胶	在后期贴金部位满描黄胶（包黄胶之前套谱子）
9	打金胶	打金胶	将金胶油抹到需贴金的部位上
10	贴金	贴金	在贴金区域贴金箔
11	拉结构黑线	拉大黑	画找头旋花外的几条平行黑线
		拘黑	勾画支花纹样区域的外边缘和旋花、支花花瓣
12	拉晕色	拉晕色	画主体轮廓大线旁侧或造型边框以里的浅色带，多为三青色、三绿色等
13	吃小晕	吃小晕	在拘黑处，旋花瓣画白线条，用白色描绘金龙的眼睛
14	拉大粉	拉大粉	画主体轮廓大线的一侧或两侧的白色曲、直线条
15	拉细部黑线	切黑	在切活部位，用墨色进行勾线，使未涂墨的底子部分变成纹饰图案
		拉黑绦	在素箍头的正中间画黑色细线
		压黑老	在副箍头外侧画黑色带
16	点龙睛	点龙睛	以黑色颜料绘制金龙的眼睛
17	打点活	打点活	对遗漏、脏污等部分进行打点修补

注：包黄胶之前需要再套谱子，将大色遮住的旋花区域印到木构件上，使得包黄胶区域明显。

任务8.3 基层处理及谱子设计与制作

学习目标

知识目标

1. 熟悉旋子彩画基层处理、基层二次处理的方法；

2. 熟悉额枋木构件旋子彩画的谱子绘制规则。

能力目标

1. 能按照一麻五灰工艺处理木构件；
2. 能设计制作额枋木构件旋子彩画的谱子；
3. 能在做好的地仗上进行基层二次处理。

素养目标

1. 传承传统营造技艺；
2. 培养精益求精、创新的工匠精神。

学习内容与工作任务描述

学习内容

1. 旋子彩画基层处理、基层二次处理的方法；
2. 额枋木构件旋子彩画的谱子绘制规则、流程与方法。

工作任务描述

1. 完成工作引导问题；
2. 按一麻五灰工艺对木构件进行基层处理；
3. 完成谱子的设计与制作；
4. 进行基层二次处理。

任务分组

班　级		专　业		
组　别		指导老师		
小组成员	组　长	组员 1	组员 2	组员 3
姓　名				
学　号				
任务分工				

工作引导问题

（1）在基层处理中，先进行木构件表面处理，对于新木件表面处理，主要工艺为：新木件表面的处理（挠、砍）→（　　）→下竹钉→（　　）→汁浆。

（2）一麻五灰地仗中，5 个灰层分别是：捉缝灰、扫荡灰、（　　）、中灰、（　　）。

（3）基层二次处理中包含了磨生油底、过水布、合操 3 个工艺做法，其中用洁净的水布擦拭磨生油底后的施工面，称为（　　）。较稀的胶矾水加少许深色（一般为黑色或深蓝色）均匀地涂刷在地仗表面，称为（　　）。

（4）大木旋子彩画按照分三停做法设计谱子，有箍头（大开间有盒子）、找头、方心，主体大线为（　　）形折线。

（5）墨线小点金和雅伍墨旋子彩画的五大线，是（　　），不贴金。

任务 8.3 答案

工作任务

任务 1：基层处理

（1）木构件表面处理：新木件表面处理（挠砍）→撕缝→下竹钉→楦缝→汁浆。

（2）一麻五灰地仗：捉缝灰→扫荡灰→使麻→磨麻→压麻灰→中灰→细灰→磨细钻生。

注： 工具、材料、具体做法、工艺要求参见本书项目 3 任务 3.2 和任务 3.3。

任务 2：谱子设计与制作

现制作某古建筑额枋上的旋子彩画谱子（图 8.3），该额枋构件尺寸为 3.6m × 0.3m。

注： 可以自行设计其他纹样的金线大点金旋子彩画的额枋谱子，不需要与范例谱子一模一样。

图 8.3　一整两破旋子彩画谱子

（1）配纸：构件尺寸为 3.6m × 0.3m，按照 1/2，即 1.8m × 0.3m 的尺寸裁剪好牛皮纸。

（2）起谱子：先绘制好五大线，然后绘制方心、找头、盒子、箍头内的细部花纹。

（3）扎谱子：工具、材料、具体做法、工艺要求参见本书项目 4 。

微课：旋子彩画谱子设计与制作

任务 3：基层二次处理

工具：砂纸、水布、刷子、桶。

材料：稀胶矾水、墨汁。

具体做法：

（1）磨生油底。用砂纸打磨已经干透的磨细钻生的地仗。

（2）过水布。用洁净的水布擦拭磨生油底后的施工面。

（3）合操。使用较稀的胶矾水加少许墨汁，均匀地涂刷在地仗表面。

工艺要求：

（1）无论磨生油底还是过水布，都应该做到无遗漏。

（2）稀胶矾水要涂刷均匀，满铺地仗表面。

注：相关知识点参见本书项目 7 任务 7.3。

任务知识点

各类旋子彩画不同木构件的纹样要求如下。

大木旋子彩画按照分三停做法构图，有箍头（大开间有盒子）、找头、方心，主体大线为 V 形折线。各类旋子彩画不同部位的纹样特征见表 8.3。

表 8.3　旋子彩画不同部位的纹样特征

序号	项目	旋子彩画类型							
		金琢墨石碾玉	烟琢墨石碾玉	金线大点金	墨线大点金	金线小点金	墨线小点金	雅伍墨	雄黄玉
1	五大结构线	沥粉贴金拉晕	沥粉贴金拉晕	沥粉贴金拉晕	墨线，拉晕或不拉晕	沥粉贴金拉晕	墨线	墨线	色彩线
2	梁、枋方心	龙纹或宋锦	龙纹或宋锦	龙纹或宋锦	龙纹或宋锦或轱辘草	龙纹或宋锦	夔龙纹、西番莲草、黑叶花、一字方心	大式：一统天下或一字方心与普照乾坤互用;小式:夔龙、黑叶花	夔龙纹、西番莲草、黑叶花

续表

序号	项目	旋子彩画类型							
		金琢墨石碾玉	烟琢墨石碾玉	金线大点金	墨线大点金	金线小点金	墨线小点金	雅伍墨	雄黄玉
3	梁、枋找头	旋花，各圆和花瓣用金线同时拉晕，旋眼、支花心、菱角地、宝剑头贴金	旋花，各圆和花瓣用墨线同时拉晕，旋眼、支花心、菱角地、宝剑头贴金	旋花，各圆和花瓣用墨线，旋眼、支花心、菱角地、宝剑头贴金	旋花，各圆和花瓣用墨线，旋眼、支花心、菱角地、宝剑头贴金	旋花，各圆和花瓣用墨线，旋眼、支花心贴金	旋花，各圆和花瓣用墨线，旋眼、支花心贴金	旋花，各圆和花瓣用墨线，不用金	旋花，各圆和花瓣用青绿色线，不用金
4	梁、枋盒子	龙纹或西番莲	素盒子，活盒子龙纹或西番莲	素盒子，活盒子龙纹或西番莲或瑞兽	素盒子，活盒子龙纹或西番莲	素盒子，活盒子龙纹或西番莲	素盒子不加晕	常见素盒子不加晕	有盒子加青绿池子
5	柱头	旋花	旋花	旋花	旋花	旋花	旋花	旋花	支花
6	平板枋	降魔云，沥粉贴金	降魔云，沥粉贴金	降魔云，沥粉贴金	降魔云，大线为墨线	降魔云，沥粉贴金	降魔云，大线为墨线	降魔云，大线为墨线	
7	由额垫板	轱辘阴阳草	轱辘阴阳草	轱辘阴阳草或小池子半个瓢	轱辘阴阳草或小池子半个瓢或素垫板	轱辘阴阳草	小池子半个瓢	大式：素红油漆；小式：池子半个瓢，画夔龙或黑叶花	卡子、夔龙
8	灶火门	三宝珠，沥粉贴金攒退	三宝珠，沥粉贴金攒退	三宝珠，攒退	三宝珠，攒退	三宝珠	—	—	—
9	压斗枋	青色衬地素枋	青色衬地素枋	青色衬地素枋	青色衬地素枋	金边青色衬地素枋	青色衬地素枋	青色衬地素枋	—
10	椽头	飞檐椽头做片金万字，老檐椽头做龙眼椽头	飞檐椽头做沥粉贴金万字，老檐椽头做龙眼椽头	飞檐椽头做沥粉贴金万字，老檐椽头做龙眼椽头	飞檐椽头做沥粉贴金万字，老檐椽头做龙眼椽头	飞檐椽头做沥粉贴金万字，老檐椽头做龙眼椽头	飞檐椽头做沥粉贴金万字，老檐椽头做龙眼椽头	飞檐椽头做墨万字，老檐椽头做虎眼椽头	飞檐椽头做墨金万字，老檐椽头做虎眼椽头
11	角梁	金边、金老、退晕角梁	金边、金老、退晕角梁	金边、金老、退晕角梁	黄边、金老、退晕角梁	黄边、金老、退晕角梁	黄边、金老、退晕角梁	黄边、金老、退晕角梁	黄边、金老、退晕角梁

续表

序号	项目	旋子彩画类型							
		金琢墨石碾玉	烟琢墨石碾玉	金线大点金	墨线大点金	金线小点金	墨线小点金	雅伍墨	雄黄玉
12	宝瓶	满沥粉贴金	满沥粉贴金	满沥粉贴金	满沥粉贴金	满沥粉贴金	满沥粉贴金	红宝瓶	红宝瓶
13	斗拱	平金	平金	平金	墨线	墨线	墨线	墨线	墨线
14	雀替	金琢墨	金琢墨或金大边攒退活	金大边攒退活	金大边攒退活	金大边攒退活	金大边攒退活	黄大边攒退活	黄大边攒退活
15	天花	金琢墨岔角云、片金鼓子心天花；烟琢墨岔角云、片金鼓子心天花	烟琢墨岔角云、片金鼓子心天花	烟琢墨岔角云、片金鼓子心天花	烟琢墨岔角云、作染鼓子心天花	烟琢墨岔角云、作染鼓子心天花	烟琢墨岔角云、作染鼓子心天花	烟琢墨岔角云、作染鼓子心天花	烟琢墨岔角云、作染鼓子心天花

注：浑金旋子彩画，整个彩画都贴金，没有色彩变化。

任务 8.4 旋子彩画绘制

学习目标

知识目标

1. 熟悉旋子彩画绘制各步骤的工具材料、具体做法和工艺要求；

2. 掌握旋子彩画各工艺的应用部位。

能力目标

能进行过谱子、号色、沥粉、刷大色、拉结构黑线、贴金、拉晕色等工艺，完成旋子彩画绘制。

素养目标

1. 树立文化自信，培养职业自豪感；

2. 欣赏古建筑彩画之美。

学习内容与工作任务描述

学习内容

1. 旋子彩画绘制各步骤的工具材料、具体做法和工艺要求；

2. 旋子彩画各工艺的应用部位。

工作任务描述

1. 完成工作引导问题；

2. 完成过谱子、号色、沥粉、刷大色、拉结构黑线、贴金、拉晕色等各工序。

任务分组

班　　级		专　业		
组　　别		指导老师		
小组成员	组　　长	组员 1	组员 2	组员 3
姓　　名				
学　　号				
任务分工				

工作引导问题

（1）(　　) 主要是指用黑线描画出五大线，即箍头线、盒子线、皮条线、岔口线和方心线。

（2）在旋子彩画中，旋花瓣及支花心等位置的墨线被称为 (　　)，它的线条比拉大黑的线条略细。

（3）在旋子彩画的活盒子的 4 个岔角做切黑工艺，主要纹样有 (　　　　　　　　　　)。

（4）拉黑绦：在各木件相接的 (　　) 处，用墨色画出一条细线，使彩画部位分明、整齐。

（5）(　　) 是最后画上去的黑色部分，多用于箍头、角梁、斗拱以及雅伍墨的一字方心等部位，有的面积较大，有的仅为一条细线。

任务 8.4 答案

工作任务

任务 1：过谱子

工具：尺、粉笔、扎好的谱子、粉包（能透粉的薄布包裹土粉或大白粉等）。

具体做法：

（1）分中。在 3.6m 长的额枋上下两条边上各取 1.8m 的中间点，连成一条中分线。

（2）拍谱子。将 1.8m 长的谱子纸铺实于构件表面，可以多人操作，1~2 人按压谱子纸，1 人拍谱子对齐中分线，用粉包对谱子均匀地拍打，将谱子的纹样印在构件表面，再翻转谱子纸，拍好另一半的纹样。

（3）摊找活。用粉笔在构件上勾画没拍上的或谱子没绘制的图案纹样。

工艺要求：

（1）使用谱子正确，纹样放置端正，左右两半图案主体线路衔接直顺连贯。

（2）花纹粉迹清晰。

任务 2：号色

工具：粉笔。

具体做法：

按照号色规则，将颜色标注在额枋上。

工艺要求：

号色正确。

任务 3：沥粉

（1）沥大粉（五大线）。

（2）沥中路粉（单线大粉）。

（3）沥小粉（细部纹样）。

注：工具、材料、具体做法、工艺要求参见本书项目 5。

任务 4：刷大色

工具：刷子或大号油画笔、颜料碟 。

材料：调好的洋绿颜料、调好的群青颜料。

具体做法：

平涂底色，主要是青绿色等大面积的色块（一般先绿后青再其他）。

工艺要求：

（1）均匀平整，严实饱满，不透地虚花，无刷痕及颜色坠流痕迹，无漏刷。

（2）颜色干后结实，手触摸不落色粉。

（3）颜色干燥后在刷色面上再重叠涂刷其他色时，两色之间不混色。

（4）刷色边缘直线直顺、曲线圆润、衔接处自然美观。

任务 5：包黄胶

工具：中小号油画笔、颜料碟。

材料：黄色颜料、白乳胶。

具体做法：

用中小号油画笔，蘸取调好的黄胶（以黄色颜料加白乳胶调和），刷在需要贴金的部位。

工艺要求：

包黄胶应做到用色纯正，位置范围准确，包严包到，包至沥粉的外缘，涂刷整齐平整，无流坠，无起皱，无漏包，厚薄均匀，不沾污其他画面。

任务 6：打金胶

工具：中小号油画笔、颜料碟。

材料：金胶油。

具体做法：

用油画笔将金胶油抹到需贴金的部位上。

工艺要求：

打金胶应做到用色纯正，位置范围准确，包严包到，包至沥粉的外缘，涂刷整齐平整，无流坠，无起皱，无遗漏，厚薄均匀，不沾污其他画面。

任务 7：贴金

工具：金夹子。

材料：金箔、棉花。

具体做法：

（1）按图案及线条的大小、宽窄，将带护金纸的金箔撕成不同宽度的“条”，每条宽度略宽于图案。图案体量大时可以不撕，整张使用。

（2）用金夹子将金箔连同护金纸夹出，迅速准确地贴到图案上，同时用手指按实，手脱离后，护金纸自动飘离，金箔牢固地粘上。

（3）用棉花将贴过的金轻轻地满拢一下，肘齐，肘的当中要微微带有揉的动作，将一些飞金、碎金揉碎，肘至未贴到或花着的微小缝隙内。

工艺要求：

贴金要求粘贴严实，无绺口、不花、完整、光亮一致。

任务 8：拉结构黑线

工具：中小号油画笔、颜料碟、尺。

材料：调好的黑色颜料。

具体做法：

（1）拉大黑。将黑色颜料倒入颜料碟，用中小号油画笔（与黑线宽度一样的笔），在找头旋花外的几条平行线和支花纹样区域的外边缘画黑色线。

（2）拘黑。用粗黑线勾画旋花、支花花瓣。

工艺要求：

（1）凡直线都要求依直尺操作（弧形构件必须依弧形曲尺），直线条，直顺无偏斜、宽度一致；曲线条弧度一致、对称、转折处自然美观。

（2）均匀饱满，无透地虚花，无明显接头，无起翘脱落，无遗漏。

（3）颜色干后结实，手触摸不落色粉。

任务 9：拉晕色

工具：大号油画笔、颜料碟、尺。

材料：调好的三绿颜料、调好的三青颜料。

具体做法：

（1）将三绿颜料倒入颜料碟，用刷子或大号油画笔平涂三绿颜料。

（2）涂刷三青颜料。

工艺要求：

（1）均匀平整，严实饱满，不透地虚花，无刷痕及颜色坠流痕迹，无漏刷。

（2）颜色干后结实，手触摸不落色粉。

（3）凡直线都要求依直尺操作（弧形构件必须依弧形曲尺），晕色边缘直线直顺、曲线圆润、衔接处自然美观。

任务 10：吃小晕

工具：小号毛笔或勾线笔、颜料碟、尺。

材料：调好的白色颜料。

具体做法：

在拘黑的旋花瓣处画白线条，用白色描绘龙纹的眼睛。

工艺要求：

（1）均匀平整，严实饱满，不透地虚花，无刷痕及颜色坠流痕迹，无漏刷。

（2）颜色干后结实，手触摸不落色粉。

（3）凡直线都要求依直尺操作（弧形构件必须依弧形曲尺），晕色边缘直线直顺、曲线圆润、衔接处自然美观。

任务 11：拉大粉

工具：小号油画笔、颜料碟、尺。

材料：调好的白色颜料。

具体做法：

将白色颜料倒入颜料碟，用小号油画笔画较粗的白色曲、直线条。

工艺要求：

（1）凡直线都要求依直尺操作（弧形构件必须依弧形曲尺），直线条，直顺无偏斜、宽度一致；曲线条弧度一致、对称、转折处自然美观。

（2）均匀饱满，无透地虚花，无明显接头，无起翘脱落，无遗漏。

（3）颜色干后结实，手触摸不落色粉。

任务 12：拉细部黑线、点龙睛

工具：小号毛笔、颜料碟、尺。

材料：调好的黑色颜料。

具体做法：

（1）切黑。在切活部位，用墨色进行勾线，使未涂墨的底子部分变成纹饰图案。

（2）拉黑绦。死箍头正中画细黑线。

（3）压黑老。副箍头外侧画黑色带。

（4）点龙睛。以黑色点龙眼睛的黑眼珠。

工艺要求：

（1）凡直线都要求依直尺操作（弧形构件必须依弧形曲尺），直线条，直顺无偏斜、宽度一致；曲线条弧度一致、对称、转折处自然美观。

（2）均匀饱满，无透地虚花，无明显接头，无起翘脱落，无遗漏。

（3）颜色干后结实，手触摸不落色粉。

注：本额枋旋子彩画，切黑、拉黑绦、压黑老根据谱子的不同，可能只有其中的一、两个工序。

任务 13：打点活

工具：小号毛笔、颜料碟。

材料：调好的各色颜料。

具体做法：

打点找补遗漏之处。

工艺要求：

（1）所找补打点的色必须用原工艺的颜料。

（2）不能在打点处出现“贴膏药”的现象。

微课：旋子彩画绘制

任务知识点

彩画上黑色部位的工艺做法有多种：拉大黑、拘黑、切黑、拉黑绦、压黑老、黑箍头等。和玺彩画中已经介绍了切黑、拉黑绦、压黑老的做法。

8.4.1 拉大黑

拉大黑是在贴金之后的一步工序，主要是指用黑线描画出五大线，即箍头线、盒子线、皮条线、岔口线和方心线。在墨线大点金、墨线小点金、雅伍墨等以墨线为主的彩画形式中，都以拉大黑的方法形成主体轮廓线。烟琢墨石碾玉、金线大点金旋子彩画中拉大黑指的是不沥粉贴金的黑色直线，包括找头旋花外的几条平行线和支花纹样区域的外边缘画黑色线。金琢墨石碾玉旋子彩画和和玺彩画无拉大黑做法。

拉大黑绘画的基本技法是用修整过的油画笔，借助尺棍，徒手画出均匀的黑色线条，线条应均匀流畅、干净利落、粗细一致。因油画笔较硬，施工中应该避免出现有毛刺的现象。

8.4.2 拘黑

拘黑在贴金之后，晕色之前进行。在旋子彩画中，旋花瓣及支花心等位置的墨线被称为拘黑，拘黑的线条比拉大黑的线条略细。金琢墨石碾玉旋子彩画和和玺彩画无拘黑做法。

8.4.3 黑箍头

黑箍头是在檩枋两端副箍头外刷黑色至与梁、柱相交处，有分隔、突出各部件彩画的作用，通常在最后操作，要求同压黑老。多数的黑箍头做法纳入压黑老的内容中。

以上各工艺，拉大黑、拘黑工艺靠前，操作在贴金之后，在拉晕色之前；切黑、拉黑绦、压黑老、黑箍头工艺靠后，位于攒退活和点龙睛之间。

任务 8.5 旋子彩画质量验收

学习目标

知识目标

1. 了解旋子彩画验收准备的各项要求；
2. 熟悉旋子彩画质量验收的各项内容与标准。

能力目标

能够按照质量验收标准对旋子彩画进行验收打分。

素养目标

1. 科学严谨分析，树立高标准的质量控制意识；
2. 培养精益求精的工匠精神。

学习内容与工作任务描述

学习内容

1. 旋子彩画验收准备的内容；
2. 旋子彩画质量验收的各项内容与标准。

工作任务描述

1. 做好验收准备要求的各项内容；
2. 按照验收标准完成旋子彩画的质量验收。

任务分组

班　级		专　业		
组　别		指导老师		
小组成员	组　长	组员 1	组员 2	组员 3
姓　名				
学　号				
任务分工				

工作任务

任务 1：验收准备

（1）全部设计资料（图纸、文字、画稿、谱子）。

（2）各种材料的合格证、质量保证书、试验报告。

（3）全部分部工程、分项工程、隐蔽工程验收资料（如地仗验收单、刷色验收单、贴金验收单等）。

（4）施工记录（施工过程中各个工序的做法资料，包括文字和视频记录）。

（5）若为修缮项目，则还需提供对原彩画的调查资料、修复前的现状资料（照片、图纸、文字资料）。

任务 2：旋子彩画质量验收

对于旋子彩画工程，验收要求如下。

（1）检查数量：上下架大木彩画应按有代表性的自然间抽查 20%，但不少于 5 间，不足 5 间全检；椽头彩画应按 10% 检查或连续检查不少于 10 对（共 20 个）；斗拱彩画应按有代表性的拱各选两攒（每攒按单面算）检查，但不少于 6 攒；天花、支条彩画应按 10% 检查，但不得小于 10 个井或两行；楣子应任选一间检查；牙子，雀替、花活、圈口彩画应各选一对检查。彩画的修复工程应逐处检查。

（2）彩画所选用各种材料的品种、规格、质量、色彩应符合设计要求和有关材料规范标准的规定。

（3）各种彩画的图案用色应符合设计要求或画稿、小样的要求。

（4）各种彩画施工的方法和程序应符合《古建筑修建工程施工与质量验收规范》（JGJ 159—2008）和《建筑工程施工质量验收统一标准》（GB 50300—2013）的规定。

（5）彩画的检查方法，一般为观察检查，必要时增加拉线、敲击、尺量检查。

旋子彩画验收见表 8.4。

表 8.4　旋子彩画验收表

序号	项　目	质量要求	满分分值	学生评价（30%）	企业导师评价（30%）	校内教师评价（40%）
1	沥粉	光滑，饱满，直顺，无刀子粉、疙瘩粉、瘪粉、麻渣粉，主要线头无明显接头	20			
2	各色线直顺度（梁枋五大线、晕色、大粉、黑色）	线条准确直顺，宽窄一致，无搭接错位、离缝现象，棱角整齐方正	15			

续表

序号	项 目	质量要求	满分分值	学生评价（30%）	企业导师评价（30%）	校内教师评价（40%）
3	色彩均匀度（底色、晕色、大粉、黑色）	色彩均匀、足实，不透地虚花，无混色现象	15			
4	局部图案整齐度（方心、找头、盒子、箍头等）	图案工整规则，大小一致，风格均匀，色彩鲜明清楚，运笔准确到位，线条清晰流畅	15			
5	洁净度	洁净，无脏污及明显修补痕迹	15			
6	艺术形象（主要指绘画水平，如方心、找头、盒子、箍头等）	绘画逼真，形象生动，能较好地体现绘画主题，退晕整齐，层次清楚，无靠色、跳色等现象	20			
合计			100			

项目8 工作小结

（工作难点、重点、反思）

项目 9　苏式彩画

苏式彩画，最初是民间建筑所使用的绘画形式，起源于江南苏杭一带的私家住宅与园林，后传入北京，被皇家园林等建筑普遍采用，成为与和玺彩画、旋子彩画风格迥异的另一种彩绘形式。乾隆时期的苏式彩画色彩艳丽，装饰较为华贵，又称“官式苏画”。苏式彩画题材丰富，包括自然山水、花鸟鱼虫、各式人物等，画法灵活生动。

任务 9.1　苏式彩画的特征与分类

学习目标

知识目标

1. 了解苏式彩画的地位、用途与演变；
2. 熟悉苏式彩画的构图布局特征；
3. 熟悉苏式彩画的分类。

能力目标

能总结各朝代苏式彩画的特征、苏式彩画的构图布局特征、各类苏式彩画的特点。

素养目标

1. 以美育人，欣赏古建筑彩画之美；
2. 传承中华优秀传统文化。

学习内容与工作任务描述

学习内容

1. 苏式彩画的地位、用途与演变；
2. 苏式彩画的构图布局特征；
3. 苏式彩画的分类及特点。

工作任务描述

1. 完成工作引导问题；

2. 以小组为单位，搜集资料，提炼明代、清代苏式彩画的特征、总结提炼苏式彩画的构图布局特征；总结对比各类苏式彩画的主要特点。

任务分组

班　级		专　业		
组　别		指导老师		
小组成员	组　长	组员 1	组员 2	组员 3
姓　名				
学　号				
任务分工				

工作引导问题

（1）苏式彩画，源于江南苏杭地区民间传统做法，因此而得名，俗称（　　）。

（2）苏式彩画按构图形式分为（　　）、（　　）、（　　）。

（3）最著名的包袱式彩画是（　　）的长廊彩画。

（4）苏式彩画也有等级之分，按彩画中所绘制的（　　），分为金琢墨苏画、金线苏画、黄线苏画、黑线苏画、海墁苏画、和玺加苏画等。

（5）仅在梁枋两端绘制箍头图案，中间不再作画，称为（　　）苏式彩画。

任务 9.1 答案

工作任务

任务：小组任务

工作内容：小组进行讨论分析，搜集案例与资料。

（1）根据苏式彩画的演变，总结提炼明代、清代苏式彩画的特征。

（2）总结提炼苏式彩画的构图布局特征。

（3）归纳总结苏式彩画的分类，以精练的语言描述出不同类型的主要特征。

成果要求：以小组为单位提交学习总结报告，图文并茂，可配短视频。

成果展示：每组派 1 名同学进行汇报，以抽查的形式，选择 3～5 组进行汇报。

成果评价：

评价项目	评价标准	参考分值	得分
苏式彩画的演变	完整精练、逻辑清晰	20	
苏式彩画的构图布局特征	完整精练、逻辑清晰	20	
苏式彩画的分类及特点	完整精练、逻辑清晰	20	
报告的规范性	目录清晰，标题规范，字号、字体统一	10	
报告的美观性	版式与配色美观，图文并茂	10	
汇报表现	条理清晰，表达流畅，主次分明	20	
总　分		100	

任务知识点

9.1.1　苏式彩画概述

1. 苏式彩画定义

苏式彩画，源于江南苏杭地区民间传统做法，因此而得名，俗称“苏州片”。由图案和绘画两部分组成，主要用于古典园林建筑。明永乐年间营修北京宫殿，大量征用江南工匠，苏式彩画因而传入北方，成为与和玺彩画、旋子彩画风格迥异的一种彩画形式。

苏式彩画的主要特征是在开间中部形成包袱构图或方心构图，在包袱、方心中均画各种不同题材的纹样，如山水、人物、翎毛、花卉、走兽、鱼虫等，成为苏式彩画装饰的突出部分。南方气候潮湿，彩画通常只用于内檐，外檐一般采用砖雕或木雕装饰；而北方则内外兼施。

2. 苏式彩画的地位

苏式彩画比和玺彩画和旋子彩画等级要低，画中不能绘入“龙”和“旋子”图案。

3. 苏式彩画的用途

苏式彩画主要用于园林建筑中的亭、台、廊、榭，以及四合院、垂花门的额枋上。

9.1.2　苏式彩画的演变

苏式彩画源于江南苏杭地区，一般用于园林中的小型建筑以及四合院住宅。苏式彩画的画面内容十分丰富，自然山水、花鸟鱼虫、各式人物一应俱全。由建筑主人按自己的意愿喜好而定。

苏式彩画原是以素雅包袱锦纹为主的彩画，很少用金。传入北方宫廷以后，产生较大的变异，以适应北方木构形制及华丽的艺术要求，虽仍以青绿色为主色，但也搭配了红、黄、紫、香色等小色，以及贴金、片金工艺。

清代前期的苏式彩画，已经占据了官式彩画相当大的份额，并已十分成熟。中后期苏式彩画只是在图案题材及细部画法上进一步丰富，更能满足园林建筑及生活建筑对美观的要求。

9.1.3　苏式彩画的构图布局分类

苏式彩画按构图形式分为以下 3 种。

1. 包袱式苏画

包袱式苏画最大的特点是檩垫枋 3 件统一构图，中间画成半圆形的“包袱”，构件两端仍画箍头、卡子。由于半圆包袱占用部位的影响，檩垫枋 3 件的找头部分的面积大小不同，可随意描绘花卉、博古、聚锦等图案（图 9.1）。

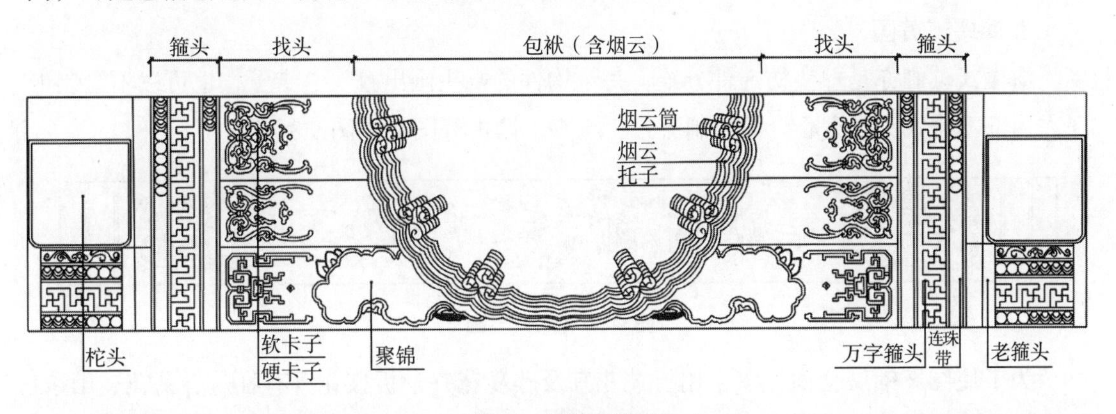

图 9.1　包袱式苏画

包袱式苏画是在海墁式苏画的基础上，中部改为包袱图案的一种彩画。这种构图的彩画在传统彩画中具有十分明显的新意，所以几乎成为皇家园林建筑的通用模式，也是苏式彩画的代表。彩画的包袱边为花纹式边饰，烟云筒加托子边饰，并分为软、硬烟云。这种烟云画边可产生一种透视的立体感，像透过一个半圆形的空窗，观看窗外景物。

包袱内画题除了前期夔龙、宋锦、吉祥图案以外，中后期多为写生画题，山水、人物、花卉、故事、线法画等。找头聚锦、池子等处亦多为写生画题。

最著名的包袱式彩画是北京颐和园的长廊彩画。

2. 方心式苏画

方心式苏画的结构特点是檩垫枋 3 件分绘，每一构件分三停，如旋子彩画的规制，居于中间的一份画成方心，方心两侧的各 1/3 长为找头、箍头。在方心与找头之间设岔口。通常情况下，一个构件设两条箍头，每端各设一条箍头，遇有较狭长的构件和某些特殊做法时，一个构件设4条箍头，每端各设两条（图9.2）。

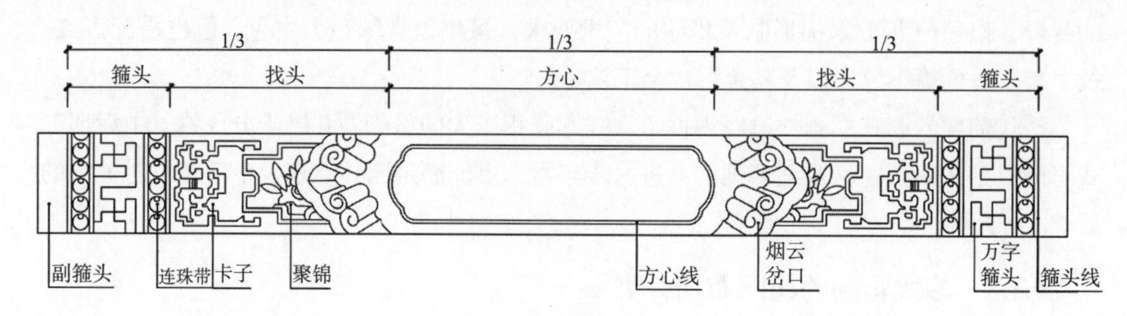

图9.2 方心式苏画

方心式苏画的特点是在官式彩画的构图基础上，改画自由图案，以替代旋子与龙凤等严肃图案。

苏式彩画中的卡子、箍头、聚锦等图案，并不是完全取材于苏式彩画，而是吸收木雕、石雕、工艺制品的图案，兼收并蓄，混合生成，以增加彩画的活泼气氛。

3. 海墁式苏画

海墁式苏画亦是檩垫枋3件分绘，每个构件的端头画出箍头、卡子，也可以不绘制卡子。内部不分找头与方心，而绘制流云、花卉、博古等图案（图9.3）。

图9.3 海墁式苏画

为了使图案铺展全面，多采用折枝花卉及藤蔓花卉。折枝花卉有牡丹、菊花、山茶、海棠、佛手、仙桃、石榴等。藤蔓花卉有葡萄、葫芦、牵牛、紫藤等。有的海墁图案也可作散点处理，如竹叶梅、百蝶花、流云飞蝠等。另外，黑叶子花也是常用图案。

苏式彩画是按构图特点进行分类的，在应用过程中按建筑物的重要性，在画法及用金上，又有高、中、低之别。高级的为金琢墨苏画，即所有大线即轮廓线皆贴金，盒子内方格锦亦贴金，包袱烟云做七道退晕，箍头、卡子亦退晕。中等的为金线苏画，即大线、箍头及卡子贴金，五道退晕烟云。低等的为墨线苏画，即全部为墨线绘制。另有一种黄线苏画，即以黄色线条代替墨线大线，还有一些小式园林建筑或短小的构件，仅在梁枋两端绘制箍头图案，中间不再作画，称为掐箍头苏式彩画。

9.1.4 苏式彩画的构图布局特征

1. 箍头

箍头常用图案为回纹、万字、汉瓦、卡子、寿字、锁链、工正王出等图案，工整精细，颜色以青绿为主。箍头两侧的连珠带分黑色和白色两种，黑色上边画连珠，白色上边画方格锦，又称“锦上添花”。

殿式彩画的素箍头与活箍头也可用于苏式彩画中。

2. 包袱

包袱是指檩、垫、枋3件连起来的构图，主要特征为中间有一个半圆形的部分，体量较大，上面敞开，包括包袱画与烟云两部分。内部纹样是包袱画，外围的轮廓是烟云。

烟云有软硬之分，由弧线画成的烟云称“软烟云”，由直线画成的烟云称“硬烟云”；软硬烟云里的卷筒部分称“烟云筒”。烟云也可设计成其他式样的退晕图样。

3. 卡子

卡子位于包袱和箍头之间，分为软卡子和硬卡子，软卡子由弧线画成，硬卡子由直线画成。

9.1.5 苏式彩画的等级分类

苏式彩画也有等级之分，按彩画中所绘制的纹样图案，分为金琢墨苏画、金线苏画、黄线苏画、海墁苏画、和玺加苏画、大点金加苏画等。苏式彩画的等级分类如下（表9.1）。

表9.1 不同等级苏式彩画基本做法规则

部位	金琢墨苏画	金线苏画	黄线与墨线苏画	海墁苏画
箍头	箍头用金线，箍头心的图案均为贴金花纹	大多数活箍头，个别情况用素箍头，箍头心以回纹万字为主	箍头心内多画回纹或锁链锦等，回纹单色，个别部位用素箍头	多为素箍头，不加连珠带
包袱	线沥粉贴金，画题不限，宜绘线法、窝金地花	画题不限，采用一般表现方法	画题不限，不采用复杂工艺	两箍头之间为一个整体，通画一种内容，如加卡子，卡子多单加粉。一般檩枋为流云和黑叶子花两种内容互相调换
烟云	烟云层数7～9层，托子层数3～5层，色彩为青烟云配香色托子，紫烟云配绿色托子，黑烟云配红色托子	烟云层数5～7层，常用的为5层，配色方法同金琢墨苏画	包袱线不沥粉贴金，烟云同金线苏画	
卡子	金琢墨卡子或金琢墨加片金	片金卡子或颜色卡子	色彩单调，多单加晕，跟头粉攒退	
找头	各种生动的祥禽瑞兽	黑叶子花或祥禽瑞兽	黑叶子花	
聚锦	画题同包袱，聚锦轮廓周围为金琢墨做法。聚锦壳沥粉贴金	画题同包袱，聚锦轮廓造型稍加“念头”（聚锦轮廓的附加花纹），“念头”做法同金琢墨苏画	轮廓简单，很少加“念头”	
柁头	柁头边框沥粉贴金，多画博古，三色格子内常做锦地	多画博古，次要部位可画柁头花，博古不画锦格子	可画博古和柁头花	拆朵花卉或三蓝竹叶梅，多不作染

1. 金琢墨苏画

各种苏式彩画中最为华丽的一种，贴金部位多，色彩丰富，退晕层次多。彩画基底设色，以青绿色间用为主，兼用各种中间色；各主体线路皆为金线；各细部纹饰的图案，作金琢墨攒退做法；包袱、方心等用写实性白活，宜绘线法、窝金地花。

2. 金线苏画

最常用的苏式彩画，构图形式、细部纹饰、彩画底色与金琢墨苏式彩画相同；各主体线路为金线；活箍头、卡子等图案为片金或玉作。

3. 黄线与墨线苏画

黄线苏式彩画各主体线路均不沥粉贴金，皆应为黄线；箍头宜为死箍头，卡子等细部图案应为玉作；彩画宜采用颜料。黑线苏式彩画各主体线路为黑线，其他做法应与黄线苏式彩画相同。

4. 海墁苏画

构图格式上与前几种苏画有很大差别，其特点为：除保留箍头外，其余部分可尽皆尽省略，不进行构图，两个箍头之间通画一种内容。

5. 和玺加苏画

用和玺彩画的格式（段落画分线），在方心、找头、盒子等体量较大的部位画苏画的内容，规则同和玺，方心改成白色或其他底色。

6. 大点金加苏画

用大点金彩画的格式，将其中方心、盒子中龙、锦等内容改成苏画内容。此种彩画可在园林中偶用，正规殿宇中不用。

微课：苏式彩画特征与分类

任务 9.2 苏式彩画绘制工艺

学习目标

知识目标

1. 掌握苏式彩画的工艺流程；

2. 熟悉苏式彩画的各步骤工艺的具体做法。

能力目标

能将苏式彩画的基本工艺做法、不同苏式彩画的工艺差异进行分析总结。

素养目标

1. 培养职业荣誉感、自豪感；

2. 传承精湛传统技艺与优秀传统文化。

学习内容与工作任务描述

学习内容

1. 苏式彩画的工艺流程；

2. 苏式彩画的各步骤工艺的具体做法。

工作任务描述

1. 完成工作引导问题；

2. 以小组为单位，搜集资料，将各类苏式彩画的工艺做法进行整理分析，并对比分析不同苏式彩画绘制的工艺差异。

任务分组

班　级		专　业		
组　别		指导老师		
小组成员	组　长	组员1	组员2	组员3
姓　名				
学　号				
任务分工				

工作引导问题

（1）以方心式金线苏画梁檩枋大木为例，工艺做法为：基层处理→谱子设计与制作→基层二次处理→分中→拍谱子→（　　）→号色→沥粉→刷大色→包黄胶→打金胶→贴金→拉晕色→（　　）→（　　）→拉大粉→压黑老→打点活。

（2）苏式彩画工艺做法中基层二次处理的磨生油底是用（　　）打磨已经干透的磨细钻生的地仗。

（3）苏式彩画中，拉晕色工序可以和（　　）同步，互不干扰。

（4）退烟云包含了3个工艺，分别是退烟云、绘制（　　）、（　　）。

任务 9.2 答案

工作任务

任务：小组任务

工作内容：小组进行讨论分析，搜集案例与资料。

（1）将苏式彩画的工艺做法进行整理分析。

（2）对比分析不同苏式彩画绘制的工艺差异。

成果要求：以小组为单位提交学习总结报告，图文并茂，可配短视频。

成果展示：每组派一名同学进行汇报，以抽查的形式，选择3～5组进行汇报。

成果评价：

评价项目	评价标准	参考分值	得分
苏式彩画的主要工序流程	完整精练、逻辑清晰	30	
不同苏式彩画绘制的工艺差异	完整精练、逻辑清晰	30	
报告的规范性	目录清晰，标题规范，字号字体统一	10	
报告的美观性	版式与配色美观，图文并茂	10	
汇报表现	条理清晰，表达流畅，主次分明	20	
总　分		100	

任务知识点

苏式彩画按构图形式分为包袱式、方心式、海墁式，按等级分为金琢墨苏画、金线苏画、黄线苏画等。各种苏画在很多部位上图案一致，画法相似。以方心式金线苏画为例介绍其工序，其他类型与等级的苏画根据需要进行有关工艺方面的增减。

苏式彩画的工艺做法为：基层处理→谱子设计与制作→基层二次处理→分中→拍谱子→摊找活→号色→沥粉→刷大色→包黄胶→打金胶→贴金→拉晕色→画图案→退烟云→拉大粉→压黑老→打点活（表9.2）。

表 9.2 方心式金线苏画施工工序

序号	工艺名称	详细工艺	工 艺 做 法
1	基层处理	木构件表面处理	砍、挠、洗、烧、撕缝、楦缝、下竹钉、汁浆
		地仗工艺	三道灰地仗、单披灰地仗
2	谱子设计与制作	丈量	测量要绘制彩画的各木构件的尺寸
		配纸	一般按构件实际尺寸的 1/2 裁好牛皮纸
		起谱子	在裁剪好的牛皮纸上画好彩画谱子的图案
		扎谱子	将牛皮纸上画好的图案用扎谱子针扎孔
3	基层二次处理	磨生油底	用砂纸打磨已经干透的磨细钻生的地仗
		过水布	用洁净的水布擦拭磨生油底后的施工面
		合操	用较稀的胶矾水加少许深色颜料均匀地涂刷在地仗表面
4	分中	分中	构件上面标画出中分线
5	拍谱子	拍箍头	将箍头与构件对齐后，用粉包对谱子均匀地拍打，拍完左边箍头后将谱子翻过拍右边箍头
		拍包袱	将包袱尖与构件底线的中线对齐后拍包袱
		拍卡子	拍完包袱纸后拍卡子
6	摊找活	摊聚锦	在包袱与卡子之间的面积上画聚锦轮廓和聚锦念头（叶、寿带）
		摊其他轮廓	在构件上勾画没拍上的线或谱子没绘制的图案纹样
7	号色	号色	在构件上标注后面刷色的颜色的数字代号
8	沥粉	沥大粉	沥双线大粉（较粗线条）
		沥中路粉	沥单线大粉（较粗线条）
		沥小粉	沥较细的单线条
9	刷大色	刷大色	平涂各种大面积的颜色，垫板的底色，连珠带、柱头、柁帮等的颜色，包袱的白色，小体量聚锦叶的颜色
10	包黄胶	包黄胶	在后期贴金部位满描黄胶
11	打金胶	打金胶	将金胶油抹到需贴金的部位上
12	贴金	贴金	在贴金区域贴金箔
13	拉晕色	拉晕色	画主体轮廓大线的一侧或两侧的浅色
14	画图案	画方心	画方心内山水花鸟等图案
		画聚锦	画聚锦内的图案和聚锦旁边的叶子、寿带等的攒色图案
		画其他细部	画箍头、连珠、找头花、柁头等，操作时互不干扰，可同时进行
15	退烟云	退烟云	在边框上一道道地绘制由浅至深的色阶条纹造型
		绘制烟云筒	画烟云外侧的烟云筒
		退托子	画烟云外侧的色阶条纹造型

续表

序号	工艺名称	详细工艺	工艺做法
16	拉大粉	拉大粉	画主体轮廓大线的一侧或两侧的白色曲、直线条
17	压黑老	压黑老	副箍头外侧画黑色带
18	打点活	打点活	对遗漏、脏污等部分进行打点修补

注：工序 11 “打金胶”、工序 12 “贴金”，可以和工序 13 “拉晕色”、工序 14 “画图案” 同步，不分先后，操作时互不干扰。根据绘画的类别不同，苏式彩画步骤会有所变化和增减。

任务 9.3 基层处理及谱子设计与制作

学习目标

知识目标

1. 熟悉苏式彩画基层处理、基层二次处理的方法；
2. 熟悉额枋木构件苏式彩画的谱子绘制规则。

能力目标

1. 能按照三道灰工艺处理木构件；
2. 能设计制作额枋木构件苏式彩画的谱子；
3. 能在做好的地仗上进行基层二次处理。

素养目标

1. 培养吃苦耐劳的精神；
2. 传承中华优秀传统文化。

学习内容与工作任务描述

学习内容

1. 苏式彩画基层处理、基层二次处理的方法；
2. 额枋木构件苏式彩画的谱子绘制规则、流程与方法。

工作任务描述

1. 完成工作引导问题；
2. 按三道灰工艺对木构件进行基层处理；

3. 完成谱子的设计与制作；

4. 进行基层二次处理。

任务分组

班　级		专　业		
组　别		指导老师		
小组成员	组　长	组员 1	组员 2	组员 3
姓　名				
学　号				
任务分工				

工作引导问题

（1）拍谱子时各部位的谱子不相连，需分别拍打，先拍（　　）。

（2）拍包袱时，根据构件的不同，包袱尖可分别位于（　　）、（　　）、（　　）。

（3）在拍卡子之前需先确认卡子所在部位的色彩，是青还是绿，再按彩画规则，在青地上拍（　　），绿地上拍（　　），垫板不分色，均拍软卡子。

任务 9.3 答案

工作任务

任务 1：基层处理

（1）木构件表面处理：新木件表面处理→撕缝→下竹钉→楦缝→汁浆。

（2）三道灰地仗：捉缝灰→中灰→细灰→磨细钻生。

注： 工具、材料、具体做法、工艺要求参见本书项目 3 任务 3.2 和任务 3.4。

任务 2：谱子设计与制作

现制作某古建筑额枋上的苏式彩画（图 9.4）谱子，该额枋构件尺寸为 3.6m × 0.3m。

注： 可以自行设计其他纹样的苏式彩画的额枋谱子，不需要与范例谱子一模一样。

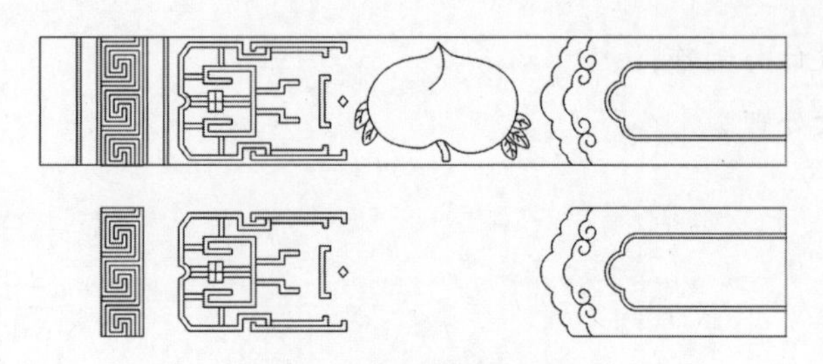

图 9.4　方心苏氏彩画谱子

（1）按箍头、卡子、方心各个部分分别配纸。

（2）画谱子的内容包括箍头、卡子、方心、托子轮廓；方心中的各种纹样和找头的聚锦，为后期直接在木构架上绘制，不用起谱子。

（3）工具、材料、具体做法、工艺要求参见本书项目 4 。

微课：苏式彩画谱子设计制作

任务 3：基层二次处理

工具：砂纸、水布、刷子、桶。

材料：稀胶矾水、墨汁。

具体做法：

（1）磨生油底。用砂纸打磨已经干透的磨细钻生的地仗。

（2）过水布。用洁净的水布擦拭磨生油底后的施工面。

（3）合操。是用较稀的胶矾水加少许墨汁，均匀地涂刷在地仗表面。

工艺要求：

（1）无论磨生油底还是过水布，都应该做到无遗漏。

（2）稀胶矾水要涂刷均匀，满铺地仗表面。

任务知识点

9.3.1　拍谱子

苏式彩画各部位的谱子不相连，分别拍打。

（1）拍箍头：以谱子的副箍头纸边为准，与垫板秧线对齐。将箍头谱子上下调直、调顺（垂直），附实于构件上。由檐檩向下顺序拍打，使底面与立面箍头线处在同一条垂直线上。先拍左面的箍头，拍过后，将谱子翻过，再拍右侧的箍头，方法同左。

（2）拍方心：一座建筑的箍头全部拍完后，再拍方心，各烟云筒均应位于构件之中，不能跨于两构件之间，有些在起谱子时已予以考虑，拍时核校。

（3）拍卡子：箍头、包袱谱子拍完后再拍卡子，拍时将卡子靠箍头线一侧的纸边与箍头线对齐，在拍之前先确认卡子所在部位的色彩，是青还是绿，再按彩画规则，在青地上拍硬卡子，绿地上拍软卡子，垫板不分色，均拍软卡子。同一间的上下卡子距离箍头线均应一致。

9.3.2 摊聚锦

聚锦没有谱子，在卡子拍完后，在包袱与卡子之间的面积上画聚锦轮廓和聚锦念头（叶、寿带）。聚锦个数根据找头长短而定，可画 1 个，也可画 2 个甚至 3 个、4 个。同一建筑的聚锦式样不应完全相同，但可以有相似的图样，同一视野内的聚锦式样，应有明显的变化。总之一个一样。画聚锦轮廓时，与卡子保持适当距离。靠包袱处，应玲珑剔透，构思出适当空隙。画聚锦叶、寿带等，应按攒退活（实做金琢墨）图案要求设计。

9.3.3 摊其他轮廓

以小式建筑为例包括角梁（老角梁、仔角梁云）、三岔头、将出头（穿插枋头）、柁头正面的边框线，这些线均沥粉，除柁头外，其他构件还包括“老”线，均在构件上画出。

任务 9.4 苏式彩画绘制

学习目标

知识目标

1. 熟悉苏式彩画绘制各步骤的工具材料、具体做法和工艺要求；
2. 掌握苏式彩画各工艺的应用部位。

能力目标

能进行号色、沥粉、刷大色、包黄胶、打金胶、贴金、拉晕色、画图案、退烟云、拉大粉、压黑老、打点活等工艺，完成苏式彩画绘制。

素养目标

1. 增强创新意识；
2. 传承中华优秀传统文化；
3. 培养严谨务实的工匠精神。

学习内容与工作任务描述

学习内容

1. 苏式彩画绘制各步骤的工具材料、具体做法和工艺要求；

2. 苏式彩画各工艺的应用部位。

工作任务描述

1. 完成工作引导问题；

2. 完成号色、沥粉、刷大色、包黄胶、打金胶、贴金、拉晕色、画图案、退烟云、拉大粉、压黑老、打点活等各工序。

任务分组

班　级		专　业		
组　别		指导老师		
小组成员	组　长	组员 1	组员 2	组员 3
姓　名				
学　号				
任务分工				

工作引导问题

（1）在包袱画中，（　　）是传统工笔重彩画在构件上的运用，主要适于（　　）和（　　）。表现中国传统园林建筑的风景画的是（　　）。

（2）落墨搭色是指画（　　）用的技法，也适用于翎毛花卉。

（3）退烟云包括退（　　）与（　　）两部分。

任务 9.4 答案

工作任务

任务1：分中

工具：尺、粉笔。

具体做法：

在3.6m长的额枋上下两条边上各取1.8m的中间点，连成一条分中线。

工艺要求：

同一间上所有构件分中线为一条垂直线。

任务2：拍谱子

工具：扎好的谱子、粉包（能透粉的薄布包裹土粉或大白粉等）。

具体做法：

（1）拍箍头。以谱子的副箍头纸边为准，与垫板秧线对齐。由檐檩向下顺序拍打，保证底面与立面箍头线处在同一条垂直线上。先拍左面的箍头，拍过后，将谱子翻过，再拍右侧的箍头。

（2）拍包袱。一座建筑的箍头全部拍完后，再拍包袱，将包袱尖与构件底线的中线对齐，用粉包均匀拍打。

（3）拍卡子。箍头、包袱谱子拍完后再拍卡子，拍时将卡子靠箍头线一侧的纸边与箍头线对齐，在拍之前先确认卡子所在部位的色彩，是青还是绿，再按彩画规则，在青地上拍硬卡子，绿地上拍软卡子。

工艺要求：

（1）使用谱子正确，纹样放置端正，上下垂直。

（2）花纹粉迹清晰。

任务3：摊找活、画聚锦和其他轮廓

工具：粉笔。

具体做法：

（1）校正不端正与不清晰的纹饰，补画遗漏的图案。

（2）在包袱与卡子之间的面积上画聚锦轮廓和聚锦念头（叶、寿带）。

（3）摊其他未绘制的轮廓线。

工艺要求：

（1）线条清晰，图案工整。

（2）比例协调，造型具有艺术性。

任务 4：号色

工具：粉笔。

具体做法：

按照号色规则，将颜色标注在额枋上。

工艺要求：

号色正确。

任务 5：沥粉

（1）沥双线大粉。

（2）沥单线大粉。

（3）沥小粉（细部纹样）。

注：工具、材料、具体做法、工艺要求参见本书项目 5。

任务 6：刷大色

工具：刷子或大号油画笔、颜料碟。

材料：调好的各色颜料。

具体做法：

（1）将洋绿和群青颜料倒入颜料碟，用刷子或大号油画笔从箍头开始刷青绿色颜料。

（2）待青绿色刷完或干后，刷垫板的红色、连珠带的黑色、包袱的白色，最后刷小体量的聚锦叶。

工艺要求：

（1）均匀平整，严实饱满，不透地虚花，无刷痕及颜色坠流痕迹，无漏刷。

（2）颜色干后结实，手触摸不落色粉。

（3）颜色干燥后在刷色面上再重叠涂刷其他色时，两色之间不混色。

（4）刷色边缘直线直顺、曲线圆润、衔接处自然美观。

任务 7：包黄胶

工具：中小号油画笔、颜料碟。

材料：黄色颜料、白乳胶。

具体做法：

用中小号油画笔，蘸取调好的黄胶（以黄色颜料加白乳胶调和），刷在需要贴金的部位。

工艺要求：

包黄胶应做到用色纯正，位置范围准确，包严包到，包至沥粉的外缘，涂刷整齐平整，无流坠，无起皱，无漏包，厚薄均匀，不沾污其他画面。

任务8：打金胶

工具：中小号油画笔、颜料碟。

材料：金胶油。

具体做法：

用油画笔将金胶油抹到需贴金的部位上。

工艺要求：

打金胶应做到用色纯正，位置范围准确，包严包到，包至沥粉的外缘，涂刷整齐平整，无流坠，无起皱，无遗漏，厚薄均匀，不沾污其他画面。

任务9：贴金

工具：金夹子。

材料：金箔 、棉花。

具体做法：

（1）按图案及线条的大小、宽窄，将带护金纸的金箔撕成不同宽度的“条”，每条宽度略宽于图案。图案体量大时可以不撕，整张使用。

（2）用金夹子连同护金纸将金箔夹出，迅速准确地贴到图案上，同时用手指按实，手脱离后，护金纸自动飘离，金箔牢固地粘上。

（3）用棉花将贴过的金轻轻地满拢一下，肘齐，肘的时候要微微带有揉的动作，将一些飞金、碎金揉碎，肘至未贴到或花着的微小缝隙内。

工艺要求：

贴金要求粘贴严实，无绺口、不花、完整、光亮一致。

任务10：拉晕色

工具：大号油画笔、颜料碟、尺。

材料：调好的三绿颜料、调好的三青颜料。

具体做法：

（1）将三绿颜料倒入颜料碟，用刷子或大号油画笔平涂三绿颜料。

（2）涂刷三青颜料。

工艺要求：

（1）均匀平整，严实饱满，不透地虚花，无刷痕及颜色坠流痕迹，无漏刷。

（2）颜色干后结实，手触摸不落色粉。

（3）凡直线都要求依直尺操作（弧形构件必须依弧形曲尺），晕色边缘直线直顺、曲线圆润、衔接处自然美观。

任务 11：画图案

工具：颜料碟、细毛笔、小号油画笔、尺。

材料：调好的各色颜料。

具体做法：

（1）确定要绘制的部位和样式，不用提前起稿。

（2）画箍头、连珠、找头花、柁头、柁帮等，操作时互不干扰，可同时进行。

（3）画方心内山水花鸟等图案，先用细毛笔沿炭条痕迹重新勾勒，然后在淡墨勾勒的各线条之间，平涂底色，用与原墨色相同或较深的色勾线，使得各部分之间轮廓清楚。在勾线之后，在最亮的部分勾染白线。

（4）画聚锦内的图案和聚锦旁边的叶子、寿带等的攒色图案。

工艺要求：

（1）轮廓线墨色要淡，不宜浓重。

（2）各部分之间轮廓清楚。

（3）上色均匀平整，严实饱满，不透地虚花，无刷痕及颜色坠流痕迹，无漏刷。

（4）颜色干后结实，手触摸不落色粉。

任务 12：退烟云

工具：小号油画笔、颜料碟。

材料：调好的青色颜料。

具体做法：

（1）确定老色颜料与颜色。

（2）在第一道白色基础上用老色加白画第二道，使第一层留下宽窄形状整齐的一道线条。

（3）再使用老色加白画第三道，深于第二道，方法同第二道。同理，画第四道烟云。

（4）用老色画第五道烟云。

工艺要求：

（1）连接各烟云筒的直线尽量要少，拐弯不要太多，各直线应尽量简化合并。

（2）每道烟云颜色鲜明有差。

（3）保证每道烟云宽度依次变窄，且前后准确整齐。

任务 13：拉大粉

工具：小号油画笔、颜料碟、尺。

材料：调好的白色颜料。

具体做法：

将白色颜料倒入颜料碟，用小号油画笔画较粗的白色曲、直线条。

工艺要求：

（1）凡直线都要求依直尺操作（弧形构件必须依弧形曲尺），直线条，直顺无偏斜、宽度一致；曲形线条弧度一致、对称、转折处自然美观。

（2）均匀饱满，无虚花透地，无明显接头，无起翘脱落，无遗漏。

（3）颜色干后结实，手触摸不落色粉。

任务 14：压黑老

工具：小号油画笔、颜料碟、尺。

材料：调好的黑色颜料。

具体做法：

用黑色的颜料刷大木的老箍头。

工艺要求：

（1）颜色干后结实，手触摸不落色粉。

（2）凡直线都要求依直尺操作（弧形构件必须依弧形曲尺）。

（3）青绿色彩留有足够宽度。

任务 15：打点活

工具：小号毛笔、颜料碟。

材料：调好的各色颜料。

具体做法：

打点找补遗漏之处。

工艺要求：

（1）所找补打点的色必须用原工艺的颜料。

（2）不能在打点处出现“贴膏药”的现象。

微课：苏式彩画绘制

任务知识点

9.4.1　画包袱

在方心彩画中，包袱纹饰绘制于方心中。内容包括各种画题的绘画，与绘画技法有密切的关系，但它又不同于在纸上绘画，它是在用底色处理的构件表面上进行与各种国画技法、西画技法相似的绘画，主要分以下几种。

1. 硬抹实开

硬抹实开是传统工笔重彩画在构件上的运用，主要适于表现人物和线法。线法是表现中国传统园林建筑的风景画，画面除山石、树木、水景外，均加有各种建筑，并以此为主景，如亭、廊、轩、桥等，画面各种建筑物均用线条勾勒轮廓，画时用尺，类似界面，这也是得名线法的另一原因，方法如下。

（1）摊活。先用炭条在白底色上轻轻打底稿，彩画称摊活，不适之处可用布掸掉重摊。

（2）落墨。炭条打稿只能确定构图，细部不可能表达清楚准确，因此，需用细毛笔沿炭条痕迹重新勾勒，并填清补全细部，如画人物，需准确地勾勒出人物的面部、手部、衣纹、服饰等细部，墨色要淡，不宜浓重。

（3）垫色。在淡墨勾勒的各线条之间，按需要平涂底色，彩画称抹色，如大红衣服可用章丹垫底色，绿色衣服可用二绿、三绿垫底色，均平涂。

（4）染色。根据最后确定的颜色，染在已垫好的底色之上，染分平涂罩染与分染两种，均用透明线半透明的颜料，前者如在章丹之上罩染洋红或曙红，可使红色鲜艳而浓重。后者可加强各部分的立体效果，如使衣皱明显。

（5）勾线。彩画中称开，在平涂和染色之后，原墨线已不清楚，或已不存在，用与原墨色相同或较深的色勾线，使得各部分之间轮廓清楚。

（6）嵌粉。在勾线之后，为了表达光亮部分，在最亮的部分勾染白线，这部分所占比例极小，彩画称嵌粉，如建筑瓦条的受光部分。

2. 落墨搭色

落墨搭色是指画人物与山水用的技法，也适用于翎毛花卉。落墨搭色主要突出墨的效果，包括线条与各种笔法形成的明暗面。

（1）起稿。用木炭条打稿。

（2）落墨。落墨即勾墨线，为最后的定稿，之后线条不再更动。在墨线上满罩色彩，不压盖线条，因此要求勾线要清楚有力，线条准确，形象潇洒俊美，如人物的衣纹，山石的皴法，树木枝干的笔法等，均用墨绘制，形成层次分明、交代清楚的图画。

（3）罩色。根据景物、衣着的色彩，将色彩满涂于墨色之上，所罩染的色彩应淡而透明，不影响墨的光润鲜明效果，也可在罩色时避开墨线处，罩染时也可分出浓淡，以加强立体效果和分出主次虚实。

3. 洋抹

洋抹是清末以后兴起的画法，以西画的用光用色与透视为基础来画风景及建筑物的画种，所画建筑物也多为西式建筑，画面开阔，有山景或树林的田园风光，层次清楚，立体感强，很富于装饰性。现画中的建筑多为中国古典式建筑，画法同前；为使画面具有质量感，明暗的反差明显，画时将建筑物、地坡、石树等事先涂成黑色，之后再画受光部分，俗称“找阳”，所以洋抹又可称“阳抹”。前者是指因历史原因以西画技法表现风景画，后者是指画时的技巧、方法和程序，概念略有不同。

传统彩画在包袱中没有写意画法。

9.4.2　退烟云

退烟云包括退“烟云”与“托子”两部分，在包袱内的画面画完之后进行。退烟云是为美化包袱画和为“齐”包袱画而设计的程序，本身又是很优美的图案，如同将包袱画装在一个很深的框子里，而且框子的形状起伏有变化。

退烟云要先准备“老色”，烟云是由浅至深层层排列的，各种浅色都是用深色加白而成，根据加白的多少，深浅层次不同。未加白的色即为“老色”，根据苏式彩画常用烟云色彩，老色为黑、紫、青（群青）3 种，其中黑、青为原材料，紫色需事先用银朱加群青调和适当色谱。烟云的各个层次加白均用统一的老色调兑，不能以其他相近的色作为老色加白再用，如群青退晕层次中，其深度有近似湖蓝色的，也有浅于湖蓝色的，但不能用湖蓝色作为某一层次，也不能用湖蓝色加白作为群青色退晕的某一层次。

常用烟云有五道、七道之分。退晕时，先退烟云的第一道（层）晕，第一层晕为白色（各道烟云，如五道烟云、七道烟云均包括白色本身）。在画第二层时，将第一层留出，使第一层留下宽窄形状整齐的一道线条。留白的宽度要宽于以后各逐渐深的层次，一般宽在 1.5cm 左右。退第二道烟云用老色加白，第二道烟云色彩浅于第三道，但要与第一层白有鲜明的反差。后部不必太齐，烟云筒的两侧（两肩膀）一定要准确整齐，并适当向里收，形成透视效果。退第三道烟云也用老色加白，与第二道烟云色彩要有明显的差别，深于第二道，方法同第二道。将第二道烟云的多余部分压盖，使其所剩宽度小于白色。之后再退第四道，方法同第二、第三道，其中第三道窄于第二道，第四道又窄于第三道（画第五道时才能确定第四道宽）。最后画第五道（退五道烟云），用老色画，第五道又窄于第四道。

退完烟云后退托子，退托子只有 3 层晕，也是用深色加白，但黄色托子中间色为黄色，深色为章丹色，不是用章丹色加白退晕，其他托子，如红托子中间色用红加白，绿托子用深绿色。

9.4.3　画博古

博古是彩画最受欢迎的画题，也是装饰效果较好的画题，它与整体图案、内容均协调一致。博古的内容很多，是一切古董的统称，如各种造型的青铜器、各种色彩的瓷器、书卷、画轴、笔砚、玉翠、珊瑚等均是博古常用的画题，关键在于组合构图。博古可用于枱头、垫板（可通画也可画在小池子中），前者较有代表性，在柁头上画博古的程序如下。

（1）柁头磨生油后沥粉（沥边框线），如黄线苏画先摊柁头边，暂不刷黄线，待掏格子后进行。

（2）沥粉干后起稿，可用粉笔直接在生油地仗上打稿，起稿包括画博古和画格子线，格子线形成透视效果，一般呈仰视效果，顶、侧、后 3 个面可见，底和另一侧面不可见，博古呈现与格子透视效果一致的仰视效果，但实际由于构件和构图的限制不可能完全一致，所以格子只是一种象征性的装饰。画格子时三面相交的窝角，不应被博古遮挡。

（3）博古与格子画完后，添画格子的色，上（顶）、侧、后三面的色分别为二蓝、三蓝、白，其中顶部较深，二蓝之中可略加灰黑色。三面形成明显的差别，工艺中俗称“掏格子”。

（4）掏格子后，画博古，即涂抹色彩，可采用借鉴油画静物写生的技法，使博古得到极强的质感和立体的效果。在彩画中非常强调博古的质感和亮度。

博古可以画得较简单，也可画得很精致，其精致之处表现在博古本身的有关纹饰和格子的效果上，其中格子可以画成印花锦缎的效果，即用比格子原色浅的色，在各面画花纹（各种锦格）。也可在格子前面加花罩，但仅占迎面高的 1/8～1/6，不可太大，否则遮挡博古。另外在起稿画博古格子时，应由建筑物明间向左右两侧分，使格子方向左右对称。

9.4.4 画流云

画流云指画五彩流云，与片金流云相对而言，片金流云用在殿式建筑上，五彩流云为苏式彩画常用的画题，多用在构图中不画包袱、方心的构件上，画在蓝色构件的两箍头之间，其箍头为绿箍头，步骤如下。

1. 垛色

画流云多不用谱子，直接在构件上构图。先用笔杆等硬物将各组流云的位置均摊于构件之上（在青地上画出痕迹即可）；用白色在各组云朵中画小椭圆云朵，每组云朵中包括四五个小云朵，每个小云朵呈扁形，各扁形云朵相连接，之间不露青地即不露空隙，外轮廓参差不齐，各云朵形成自然的变化。一个构件的云朵均画完之后，再将各组云朵用窄的云纹横向连接起来，称云腿。

2. 重色

一层白色不均匀，常露底影，需用白色再在原处重画一次。

3. 垫色

垫色也称染云，是指对每个小云朵分别染出大体明暗、上部浅、下部深，垫色用原色（矿质材料）加白，涂染下部，上部留白不画，之后以水笔润开。一组云朵的颜色不同，垫色为硝红（浅红、粉红）、粉绿、黄、粉紫几色，每组云可选其中三色或四色，视云朵多少而定。

4. 开云纹

开云纹即勾云纹，是指使各朵云精细、清楚，也是认色开云纹，粉红云用深红开（银朱加洋红或曙红），粉绿云用草绿开，黄云用章丹开，粉紫云用紫色开。每个小云朵的上部线条少，下部线条多，连同云腿同时勾出轮廓线和云纹线。

目前，使用的白色颜料多为白乳胶漆。颜料中的化学胶粘剂可使颜料在干后具有较强的牢固性，不怕多次渲染，而传统多用铅粉加骨胶调和白色，干后如在上面染色，容易将底色翻起，因此在垛、重色之后，还需加一道胶矾水，固定底层的二道白，之后再在上面进行任何加工，都不会将底色翻起。如使用乳胶漆做颜料则不需过矾水。

任务 9.5　苏式彩画质量验收

学习目标

知识目标

1. 了解苏式彩画验收准备的各项要求；
2. 熟悉苏式彩画质量验收的各项内容与标准。

能力目标

能够按照质量验收标准对苏式彩画进行验收打分。

素养目标

1. 科学严谨分析，树立高标准的质量控制意识；
2. 培养精益求精的工匠精神。

学习内容与工作任务描述

学习内容

1. 苏式彩画验收准备的内容；
2. 苏式彩画质量验收的各项内容与标准。

工作任务描述

1. 做好验收准备要求的各项内容；
2. 按照验收标准完成苏式彩画的质量验收。

任务分组

班　级		专　业		
组　别		指导老师		
小组成员	组　长	组员 1	组员 2	组员 3
姓　名				
学　号				
任务分工				

工作任务

任务 1：验收准备

（1）全部设计资料（图纸、文字、画稿、谱子）。

（2）各种材料的合格证、质量保证书、试验报告。

（3）全部分部工程、分项工程、隐蔽工程验收资料（如地仗验收单、刷色验收单、贴金验收单等）。

（4）施工记录（施工过程中各个工序的做法资料，包括文字和视频记录）。

（5）若为修缮项目，则还需提供对原彩画的调查资料、修复前的现状资料（照片、图纸、文字资料）。

任务 2：苏式彩画质量验收

对于苏式彩画工程的验收要求如下。

（1）检查数量：上下架大木彩画应按有代表性的自然间抽查 20%，但不少于 5 间，不足 5 间全检；椽头彩画应按 10% 检查或连续检查不少于 10 对（共 20 个）；斗拱彩画应按有代表性的拱各选两攒（每攒按单面算）检查，但不少于 6 攒；天花、支条彩画应按 10% 检查，但不得小于 10 个井或两行；楣子应任选一间检查；牙子，雀替、花活、圈口彩画应各选一对检查。彩画的修复工程应逐处检查。

（2）彩画所选用各种材料的品种、规格、质量、色彩应符合设计要求和有关材料规范标准的规定。

（3）各种彩画的图案用色应符合设计要求或画稿、小样的要求。

（4）各种彩画施工的方法和程序应符合《古建筑修建工程施工与质量验收规范》（JGJ 159—2008）和《建筑工程施工质量验收统一标准》（GB 50300—2013）的规定。

（5）彩画的检查方法，一般为观察检查，必要时增加拉线、敲击、尺量检查。

苏式彩画验收见表 9.3。

表 9.3　苏式彩画验收表

序号	项　　目	质量要求	满分分值	学生评价（30%）	企业导师评价（30%）	校内教师评价（40%）
1	沥粉	光滑，饱满，直顺，无刀子粉、疙瘩粉、瘪粉、麻渣粉，主要线头无明显接头	20			
2	各色线直顺度（梁枋五大线、晕色、大粉、黑色）	线条准确直顺，宽窄一致，无搭接错位、离缝现象，棱角整齐方正	15			
3	色彩均匀度（底色、晕色、大粉、黑色）	色彩均匀、足实，不透地虚花，无混色现象	15			
4	局部图案整齐度（方心、找头、盒子、箍头等）	图案工整规则，大小一致，风格均匀，色彩鲜明清楚，运笔准确到位，线条清晰流畅	15			
5	洁净度	洁净，无脏污及明显修补痕迹	15			
6	艺术形象（主要指绘画水平，如包袱、箍头、卡子、烟云等）	绘画逼真，形象生动，能较好地体现绘画主题，退晕整齐，层次清楚，无靠色、跳色等现象	20			
合计			100			

项目 9　工作小结

（工作难点、重点、反思）

参 考 文 献

[1] 边精一 . 中国古建筑油漆彩画 [M]. 北京：中国建材工业出版社，2013.

[2] 杜爽 . 古建筑油漆彩画 [M]. 北京：中国建筑工业出版社，2020.

[3] 蒋广全 . 中国清代官式建筑彩画图集 [M]. 北京：中国建筑工业出版社，2016.

[4] 何俊寿 . 中国建筑彩画图集 [M]. 天津：天津大学出版社，2014.

[5] 纪立芳 . 江南建筑彩画研究 [M]. 南京：东南大学出版社，2017.

[6] 北京市建设委员会 . 中国古建筑修建施工工艺 [M]. 北京：中国建筑工业出版社，2007.